Brigita Zēmele

Fizikas izglītības standarta īstenošana vidusskolā

Brigita Zēmele

Fizikas izglītības standarta īstenošana vidusskolā

GlobeEdit

Impressum / Imprint

Bibliografische Information der Deutschen Nationalbibliothek: Die Deutsche Nationalbibliothek verzeichnet diese Publikation in der Deutschen Nationalbibliografie; detaillierte bibliografische Daten sind im Internet über http://dnb.d-nb.de abrufbar.
Alle in diesem Buch genannten Marken und Produktnamen unterliegen warenzeichen-, marken- oder patentrechtlichem Schutz bzw. sind Warenzeichen oder eingetragene Warenzeichen der jeweiligen Inhaber. Die Wiedergabe von Marken, Produktnamen, Gebrauchsnamen, Handelsnamen, Warenbezeichnungen u.s.w. in diesem Werk berechtigt auch ohne besondere Kennzeichnung nicht zu der Annahme, dass solche Namen im Sinne der Warenzeichen- und Markenschutzgesetzgebung als frei zu betrachten wären und daher von jedermann benutzt werden dürften.

Bibliographic information published by the Deutsche Nationalbibliothek: The Deutsche Nationalbibliothek lists this publication in the Deutsche Nationalbibliografie; detailed bibliographic data are available in the Internet at http://dnb.d-nb.de.
Any brand names and product names mentioned in this book are subject to trademark, brand or patent protection and are trademarks or registered trademarks of their respective holders. The use of brand names, product names, common names, trade names, product descriptions etc. even without a particular marking in this works is in no way to be construed to mean that such names may be regarded as unrestricted in respect of trademark and brand protection legislation and could thus be used by anyone.

Coverbild / Cover image: www.ingimage.com

Verlag / Publisher:
GlobeEdit
ist ein Imprint der / is a trademark of
OmniScriptum GmbH & Co. KG
Heinrich-Böcking-Str. 6-8, 66121 Saarbrücken, Deutschland / Germany
Email: info@globeedit.com

Herstellung: siehe letzte Seite /
Printed at: see last page
ISBN: 978-3-639-86554-7

SATURS

IEVADS

2008. gada 1. septembrī 10. klases Latvijas skolās uzsāka mācības pēc jaunā fizikas standarta. „No Eiropas Savienības struktūrfondu nacionālās programmas „Mācību kvalitātes uzlabošana dabaszinātņu, matemātikas un tehnoloģiju priekšmetos vidējā izglītībā" projekta „Mācību satura izstrāde un skolotāju tālākizglītība dabaszinātņu, matemātikas un tehnoloģiju priekšmetos" uzsākšanas līdz noslēgumam pagājuši vairāk nekā trīs gadi. Taču tā ieguldījums Latvijas izglītības attīstībā sniedzas nākotnē un ir ielicis stabilus pamatus valsts konkurētspējai, attīstībai un ikviena indivīda izaugsmei.

Akcentējot dabaszinātņu un inženierzinātņu nozīmi tehnoloģiju attīstībā, bija likumsakarīgi uzlabot šīm nozarēm pamatā esošo priekšmetu mācīšanu vidusskolā – no dabaszinātņu un matemātikas priekšmetu satura, mācīšanos un mācīšanās filozofijas maiņas līdz pedagogu tālākizglītībai.

Pedagogu tālākizglītības kursi ir beigušies un atbildība par jaunā fizikas standarta ieviešanu mācību procesā paliek pedagogu ziņā. Kā ceļvedis noder mācību priekšmeta programmas sadaļā „Mācību satura apguves secība un apguvei paredzētais laiks" iekļautā informācija:

✓ temati un apguvei paredzētais laiks (%) no kopējā stundu skaita mācību gadā;

✓ izstrādātas prasības skolēnam sasniedzamajam rezultātam atbilstīgi mācību priekšmeta standartā noteiktajām prasībām mācību satura apguvei;

✓ norādīti mācību līdzekļi, kas nepieciešami demonstrējumu un laboratorijas darbu veikšanai, ieteicamie uzskates materiāli;

✓ starppriekšmetu saikne ar citiem dabaszinātņu priekšmetiem un matemātiku.".

Mācību priekšmetam izvirzīto uzdevumu realizācijai ir nepieciešams lielāks un vienmēr aktuālas informācijas apjoms. Lai nodrošinātu fizikas standarta kvalitatīvu realizāciju vidusskolā autore ir izveidojusi sistēmu, kas ļauj no piedāvātā informācijas maksimuma atlasīt katrai klasei atbilstošākos materiālus. Tādā veidā tiek pedagogam saīsināts gatavošanās laiks. Materiāls sagatavots un izmantojams elektroniskā formātā, kas padara to ērti lietojamu un viegli atjaunojamu.

2

1. MĀCĪBU PROCESA PLĀNOŠANA

Jaunajā fizikas standartā „izstrādātā mācību sistēma ietver sistēmisku mācību procesa plānošanu. Tā paredz, ka plānojot, kā skolēns apgūs mācību saturu, tiek veidota vistiešākā saikne starp mācību priekšmeta standartu, kurā aprakstīts sasniedzamais gala rezultāts, un konkrēto mācību stundu". Nozīmīga loma mācību metožu izvēles procesā ir pedagogam.

Veiksmīgākais piedāvātais risinājums šobrīd ir īstenot mācību procesa „trīs līmeņu plānošanas modeli – no pamatprasībām kursa apguves galarezultātā uz sasniedzamo rezultātu katra temata apguves noslēgumā un katrā mācību stundā -, kas dokumentāli var tikt atspoguļots, pēctecīgi veidojot plānojumu: mācību priekšmeta standarts - mācību priekšmeta programma - stunda plāni "[1.1.att.].

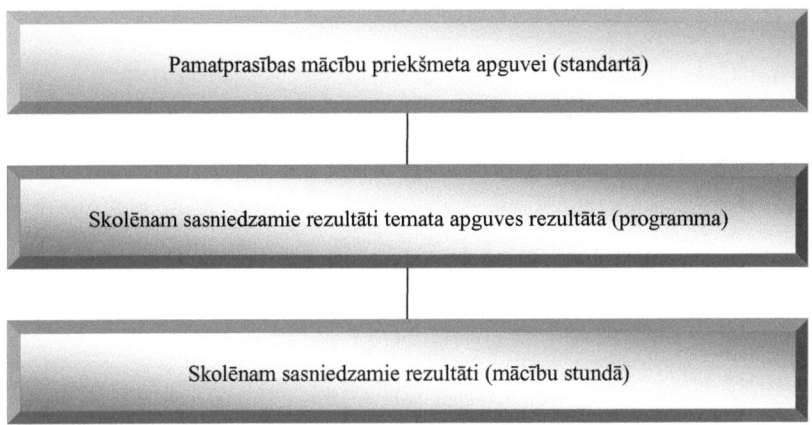

1.1. att. **Sasniedzamo rezultātu plānojums**

„Izstrādājot mācību priekšmeta standartu, vispirms tiek izvirzīts mācību priekšmeta apguves mērķis un mācību priekšmeta uzdevumi. Sistēmiski katrs no izvirzītajiem uzdevumiem tiek konkretizēts pamatprasībās mācību priekšmeta apguvei, beidzot 12. klasi". Tas jāņem vērā pedagogam veidojot savu mācību programmu.

Pedagogs secīgi veido savu mācību priekšmeta programmu [2.pielikums] – „plānojot skolēniem sasniedzamos rezultātus pa tematiem un izejot no pamatprasībām mācību priekšmeta apguvei". „Skolēniem plānotie sasniedzamie rezultāti temata noslēgumā konkretizē, detalizētāk atsedz mācību priekšmeta standartā izvirzītās prasības, tie attiecas uz visiem trim mācību satura struktūrkomponentiem".

Strādājot pēc jaunā fizikas standarta tiek izmantoti skolotāju atbalsta materiāli, kas veidoti atbilstoši mācību priekšmeta standartā plānotajam, tie ir strukturēti pa tematiem.

„Skolotājs patstāvīgi (atkarībā no skolēnu sagatavotības, iepriekšējās pieredzes, utt.) plāno mācību stundā sasniedzamos rezultātus un izvirza mācību stundas mērķi, plāno temata apguves noslēgumā rezultātu sasniegšanu konkrētās mācību stundās, tā veidojot tiešu saikni no mācību priekšmeta standarta un mācību priekšmeta programmas uz stundu, kas paaugstina garantijas, ka skolēni tiešām apgūst standartā paredzēto. Skolotāju atbalsta materiālos ietverti stundu piemēri, kuros parādīts, kā plānot skolēnam sasniedzamo rezultātu konkrētā mācību stundā un kā to iespējams sasniegt, strādājot ar dažādām metodēm".

Piedāvāto iespēju un informācijas apjoms ir liels. Vienam pedagogam mācot vairākas atšķirīgas klase ir sarežģīti sagatavoties mācību procesam tā, lai katrā klasē izpildot pamatprasības mācību priekšmeta apguvei tiktu ievērotas arī profesijas standartā skolotājam izvirzītās prasības:

1. Sagatavoties pedagoģiskajam procesam;
2. Pārzināt mācību un audzināšanas saturu;
3. Organizēt drošu un atbalstošu izglītojošo vidi;
4. Nodrošināt audzēkņa personības izaugsmi ;
5. Rosināt audzēkņu zinātkāri un izziņas intereses, veidot mācīšanās prasmes;
6. Nodrošināt audzināšanas un mācību procesu.

Tāpēc katram pedagogam nepieciešams, balstoties uz savām personīgajām īpašībām un profesionālo pieredzi, izveidot sistēmu kas atvieglo mācību procesa sagatavošanu un nodrošina mācību priekšmeta standarta pamatprasību izpildi.

4

Ilustrācijai tiks izmantoti materiāli no 10. klases.

10. klases fizikas kursā ir izdalītas deviņas tēmas. Katru no tēmām ir iespējams plānot izmantojot vienu un to pašu sistēmu [1.2. att.]. Vispirms iepazīstamies ar prasībām kādas konkrētajai tēmai ir izvirzītas mācību priekšmeta standartā un izejot no tām izvirzām katrai tēmai mērķi.

Mērķis sniedz tikai vispārēju priekšstatu par to, KO un KĀPĒC mēs vēlamies sasniegt mācību procesā [1.3.att.]. Mērķus parasti formulē izmantojot vispārīgus terminus, „mācīties”, „iemācīties”, „uzlabot”, „apgūt” - izejot no tā kādas ir skolēnu priekšzināšanas, mācību priekšmeta standarta prasības un tos nevar tieši novērtēt un simtprocentīgi piepildīt. Mērķis norāda, kādas pārmaiņas sagaidāmas: attieksmes maiņa, zināšanu palielināšanās, prasmju uzlabošanās. Tas palīdz vēlāk veicot analīzi izvērtēt sasniegtos rezultātus.

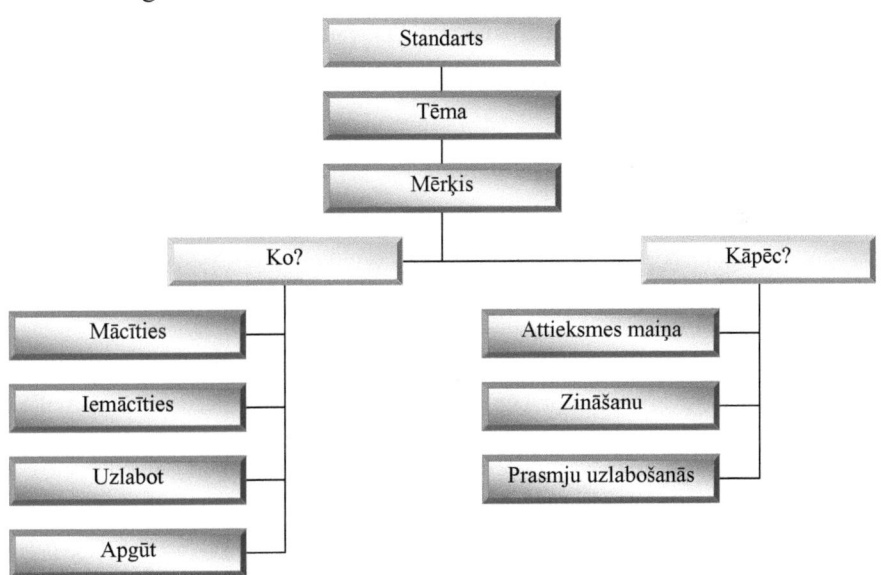

1.2. att. **Tēmas mērķa izvirzīšana**

Lai sasniegtu mērķi nepieciešams formulēt uzdevumus:

✓ KAS konkrēti skolēnam ir jāpaveic?

✓ KAS mainīsies kad kāds mācību procesa posms būs noslēdzies?

5

✓ KĀ un KĀDAS konkrētas zināšanas, prasmes, attieksmes, pieredzi skolēns būs apguvis?

Uzdevumus parasti formulē izmantojot darbības vārdus, „analizēt", „iemācīties", „lietot". Jo precīzāki un konkrētāki ir uzdevumi, jo vieglāk ir sasniegt plānotos rezultātus. Uzdevumu formulējumā kā atslēgas vārdus izmanto vārdus no vidējās izglītības fizikas standarta sadaļas „Pamatprasības mācību priekšmeta apguvei" un no mācību priekšmetu paraugprogrammas - Fizika 10. – 12. klasei sadaļas „Mācību satura apguves secība un apguvei paredzētais laiks" - sasniedzamais rezultāts.

Jaunajā vidusskolas fizikas standartā liela uzmanība tiek veltīta skolēnu praktiskai darbībai un izziņai caur laboratorijas darbiem, demonstrējumiem, uzskates materiāliem un eksperimentāliem uzdevumiem. Tāpēc vienlaicīgi ar uzdevumu formulēšanu pedagogam ir jāizvērtē šobrīd viņa rīcība esošie resursi [1.4.att.]:

✓ zināšanas – ko skolēni par konkrēto tēmu jau zina,

✓ laiks – cik laika atvēlēts konkrētās tēmas apguvei,

✓ laboratorijas aprīkojums, uzskates materiāli u.c.

Starppriekšmetu saikne palīdzēs izprast, kas konkrēti tiks darīts mācību procesā, lai sasniegtais rezultāts nodrošinātu iesāktā procesa turpinājumu, lai zināšanas un prasmes kas apgūtas citos mācību priekšmetos tiktu praktiski izmantotas jauna rezultāta sasniegšanai, lai jaunās zināšanas pamatotos uz jau esošajām. Iegūtā un apkopotā informācija ļauj tālāk plānot rezultātu. Manā kalendārajā plānojumā paredzamais rezultāts ir sakārtot pēc atslēgas vārdiem un alfabētiskā secībā. Tādā veidā ir viegli atrast un uztvert nepieciešamo informāciju.

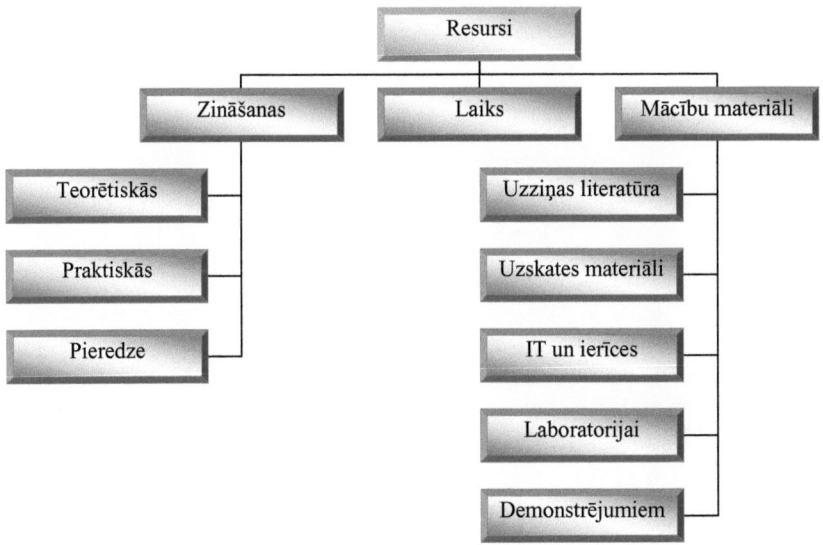

1.3. *att.* **Mācību procesā izmantojamie resursi**

Kalendārais plānojums - mācību procesa plānošanas svarīgākā daļa. Tā prasa visvairāk uzmanības un tai jābūt mobilai. Šī mācību procesa plānošanas daļa tiek regulāri analizēta un veiktas nepieciešamās korekcijas.

Vienlaicīgi ar kalendāro plānojumu tiek gatavotas stundu kartes. Tās satur visu iespējamo informāciju par katru mācību stundu.

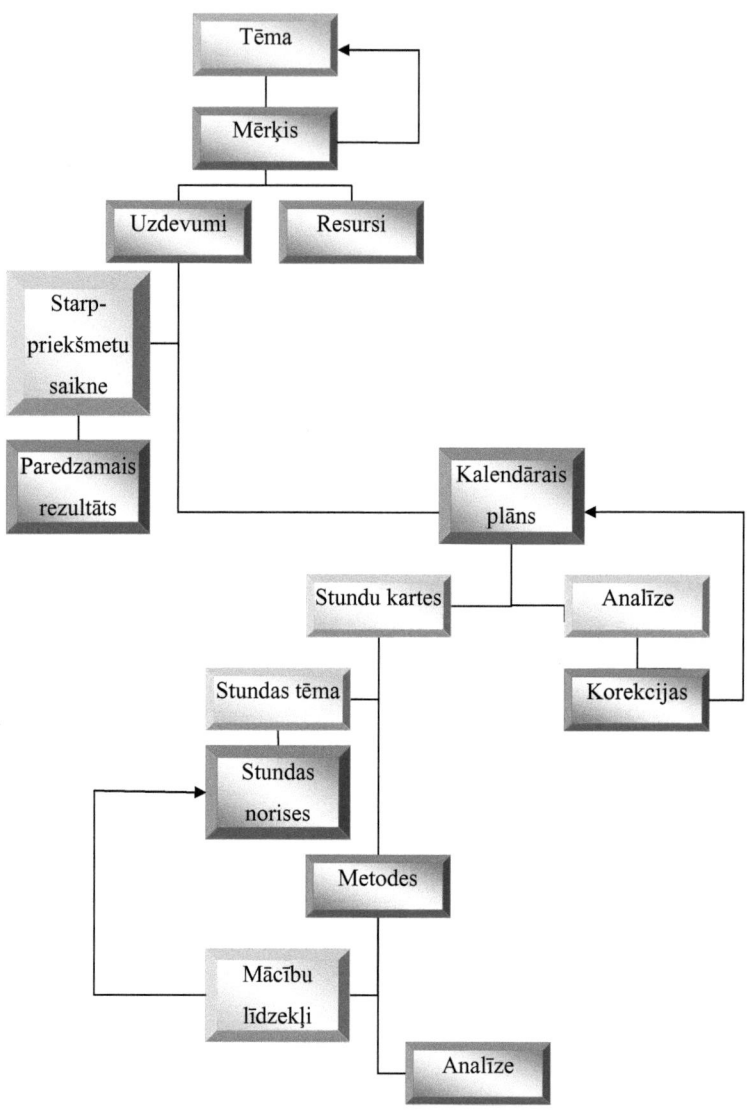

1.4.att. **Mācību procesa plānošana**

2. MĀCĪBU SATURA TEMATISKAIS PLĀNOJUMS

Mācību satura tematiskais plānojums [2.pielikums] ietver visi iespējamo informāciju, kas nepieciešama konkrētā tēmas apguvei. Materiāls izveidot tā, lai vizuāli būtu viegli uztverams, maksimāli koncentrēts. Tas palīdz kontrolēt mācību procesu un nodrošina pamatprasību apguvi.

Kalendārajā plānā apgūstamie temati sakārtotas noteiktā secībā. Tiek noteikta to savstarpējā saistība:

✓ Kurus tematus iespējams mācīt kopā vienā stundā?

✓ Kuriem nepieciešams veltīt atsevišķu stundu?

✓ Kad plānot laboratorijas darbus un ieskaiti?

✓ Cik laika atvēlēt dažādu uzdevumu risināšanai?

✓ Cik mācību stundas var veltīt konkrētās tēmas apguvei?

Tie ir jautājumi uz kuriem nākas atbildēt katram pedagogam veidojot savu kalendāro plānu. Veiksmīga mācību procesa organizācijas un plānošanas pamatā ir analīze – spēja pamanīt izmaiņas situācijā pirms tā kļuvušas par problēmu:

✓ KO varētu darīt, lai problēmu novērstu pirms tā radusies?

✓ KĀ samazināt tās ietekmi?

Visbiežāk problēmas veidojas no objektīviem un subjektīviem faktoriem kuri skolas ikdienā pastāv neatkarīgi no mūsu rūpīgi saplānotā mācību procesa.

Vislabākais situācijas risinājums ir - tajā brīdī, kad dažādu apstākļu sakritības dēļ rodas novirzes no kalendārā plānojuma, nekavējoties tiek veikta pārplānošana. Tāpēc kalendārais plānojums ir izveidots vizuāli pārskatāms un viegli pārplānojams. Ar citas krāsas krustu tiek veiktas korekcijas kalendārajā plānā. Gadījumā, ja šīs neplānotās korekcijas ir veiksmīgs risinājums, tās var saglabāt nākošā gada plānā.

Labākai vizuālajai uztverei ir izmantotas krāsas:

✓ laboratorijas darbi– zaļā krāsa;

✓ uzdevumu risināšana – zilā krāsa;

✓ ieskaite – sarkanā krāsa.

Piemēram apskatīsim 10.klases otro tematu „Mijiedarbība un spēks":

2T. Mijiedarbība un spēks

<u>Mērķis:</u> Iemācīties analizēt galveno mijiedarbības veidu izpausmi apkārtējā vidē.

<u>Uzdevumi:</u>

✓ Iemācīties analizēt galveno mijiedarbības veidu izpausmi dabā un tehnikā.

✓ Iemācīties novērtēt cēloņsakarības fizikālo parādību un procesu norisē.

✓ Iemācīties apkopot datus

✓ Iemācīties iegūt un izvērtēt rezultātu.

✓ Iemācīties lietot fizikālo lielumu apzīmējumus,

✓ Iemācīties lietot vizuālo un grafisko informāciju fizikālo procesu attēlošanā,

✓ Iemācīties analizēt savu rīcību un rīkoties atbilstīgi savai un apkārtējo drošībai

✓ Apgūt prasmes atlasīt un izvērtē informāciju no dažādiem informācijas avotiem

✓ Nostiprināt prasmes veikt mērījumus

Lai nodrošinātu citos mācību priekšmetos apgūto zināšanu un prasmju praktisko pielietojumu nepieciešamas veidot <u>starppriekšmetu saikni:</u>

Matemātika:

✓ Sakarības taisnleņķa trijstūrī;

✓ Vektori, to projekcijas un darbības ar tiem;

✓ Nezināmā izteikšana no vienādības;

✓ Funkcijas grafiku konstruēšana un pētīšana.

Informātika:

✓ Darbs ar datoru un rīkošanās ar datnēm;

✓ Grafisko attēlu apstrādes lietotnes izmantošana;

✓ Informācijas ieguve un komunikācijas līdzekļu izmantošana.

Lai atvieglotu mācību metožu un līdzekļu izvēli nepieciešams skaidri un pārskatāmi formulēt paredzamo rezultātu. Paredzamais rezultāts veidots izmantojot atslēgas vārdus kas sakārtoti alfabēta secībā, lai būtu viegli atrast nepieciešamo informāciju.

Paredzamais rezultāts:

Analizē:

✓ analizē funkcionālās sakarības;

✓ iegūto informāciju, rezultātus;

✓ satiksmes noteikumu ievērošanas nepieciešamību.

Aprēķina:

masu, blīvumu, kopspēku, paātrinājumu, berzes un elastības spēku, Arhimeda spēku, normālās reakcijas spēku, berzes koeficientu, stinguma koeficientu, absolūto un relatīvo pagarinājumu.

Attēlo:

✓ spēkus, kopspēku un ķermeņa kustības virzienu;

✓ funkcionālās sakarības;

Ilustrē:

✓ mijiedarbības un spēku dažādību apkārtējā vidē.

Izmanto :

✓ fizikālo lielumu apzīmējumus;

✓ SI mērvienības;

✓ ārpussistēmas mērvienības;

✓ skaitļu normālformas un decimālos daudzkārtņus.

Izprot:

✓ ķermeņa masas un inerces nozīmi ķermeņu kustībā;

✓ ķermeņu kustības cēloņsakarības.

Izskaidro:

✓ ķermeņu kustību, izmantojot Ņūtona likumus;

✓ ķermeņu kustības cēloņsakarības.

Izveido:

11

✓ shēmas par dažādiem berzes veidiem un dažādiem deformācijas veidiem.

Izvērtē:

✓ Rezultātu;

✓ drošības pasākumus un riska faktorus transporta līdzekļu kustībā.

Nosaka:

✓ miera berzes spēku, auklas sastiepuma spēku;

✓ slīdes berzes koeficientu, atsperes stinguma koeficientu.

Pēta: cēlējspēku šķidrumā un nosaka iegrimušā ķermeņa blīvumu.

Salīdzina:

✓ berzes koeficienta vērtības, kas iegūtas no dažādiem informācijas avotiem.

Veic: mērījumus.

Lieto fizikas jēdzienus:

✓ Mijiedarbība, spēks, inerce, berze, slīdes berzes koeficients, deformācija.

2.1. tabula

Mācību satura apguves kalendārais plāns

Tēma - Mijiedarbība un spēks	Datums									
Temats										
Ķermeņa inerce. Masa.										
Spēks un ķermeņa paātrinājums.										
Darbība un pretdarbība.										
Reakcijas spēks, reaktīvā kustība.										
Miera stāvokļa berze. Slīdes berze. Berzes koeficients.										
Deformācijas veidi. Elastības spēks.										
Ķermeņu līdzsvars										
Laboratorijas darbs - Slīdes berzes koeficienta noteikšana										
Uzdevumu risināšana.										
Laboratorijas darbs - Elastības koeficienta noteikšana.										
IESKAITE – Mijiedarbība un spēki.										

Katram tematam ir atbilstoši izveidota materiālu mapīte un nodarbību satura kartes.

3. STUNDU KARTES IZVEIDES PRINCIPI

Mācību procesā stundu kartes tiek izmatotas jau otro gadu, kopā piecās dažādās 10. klasēs un vienā 11. klasē. Gatavojot konkrētu tēmu tās nepārtraukti tiek papildinātas ar aktuālāko informāciju. Pirmajā mācību gadā, šogad 11. klasei, iespējams izveidot tikai pamatformu [3.pielikums].

Šāda mācību procesa organizācija dod iespēju saglabāt un aktualizēt jau apzināto informācijas apjomu un vienmēr izvēlēties konkrētajai klasei atbilstošos materiālus. Tās varētu būt labs risinājums situācijās kad jāizvieto cits pedagogs un ja klasi māca pirmo gadu.

Stundu kartes tiek izmantotas elektroniskā formātā. Tāpēc iespējams nekavējoties veikt izmaņas mācību procesā arī mācību stundas laikā, kas uzlabo mācību procesa kvalitāti. Ātri reaģēt uz nestandarta situācijām, risināt problēmas un sniegt skolēniem atbildes uz aktuāliem jautājumiem. Tās ievērojami samazina to laiku kas nepieciešams pedagogam lai sagatavotos mācību stundai un padara procesu interesantāku un radošāku. Stundas kartes pirmais cipars norāda tēmu un otrais - stundu kalendārajā plānā [3.1. tab.].

Pēc katras stundas iespējams veikt nelielu analīzi un atzīmēt to informāciju kas turpmāk varētu noderēt mācību procesa plānošanā gan attiecībā uz konkrēto klasi, gan tematu. Tam, ka katrā stundu kartē ir ierakstītas mācību metodes [1. pielikums] un stundas norises gaitai ir vairāk informatīvs raksturs, jo pedagogam jāizvēlas katrai klasei labākais iespējamais risinājums. Pilnībā paredzēt situāciju stundā iepriekš nav iespējams.

Paragrāfs un individuālie uzdevumi ietver informāciju par skolēnu mājas darbiem: teoriju, jautājumiem, uzdevumiem [3.1. att.].

Uzdevumu paraugi – uzdevumi kas tiek risināti stundā jaunās vielas nostiprināšanai vai apgūtās vielas atkārtojumam [3.1. att.].

Vislielākā un mainīgā sadaļa attiecas uz mācību līdzekļiem [3.1. att.]:

✓ Prezentācijas;

13

✓ demonstrējumi;

✓ modeļi;

✓ video;

✓ transparenti;

✓ TV raidījumi;

✓ filmas u.c. .

Šo sadaļu veidojot jāņem vērā katrai tēmai pieejamais mācību līdzekļu apjoms un daudzveidība. Tieši šī sadaļa bija par pamatu tam ka tika veidotas stundu kartes. Informācijas apjoms un tehnoloģiskās iespējas strauji palielinājās, tāpēc gatavojoties stundām daudz laika tika patērēts tieši mācību līdzekļu izvēlei un atlasei.

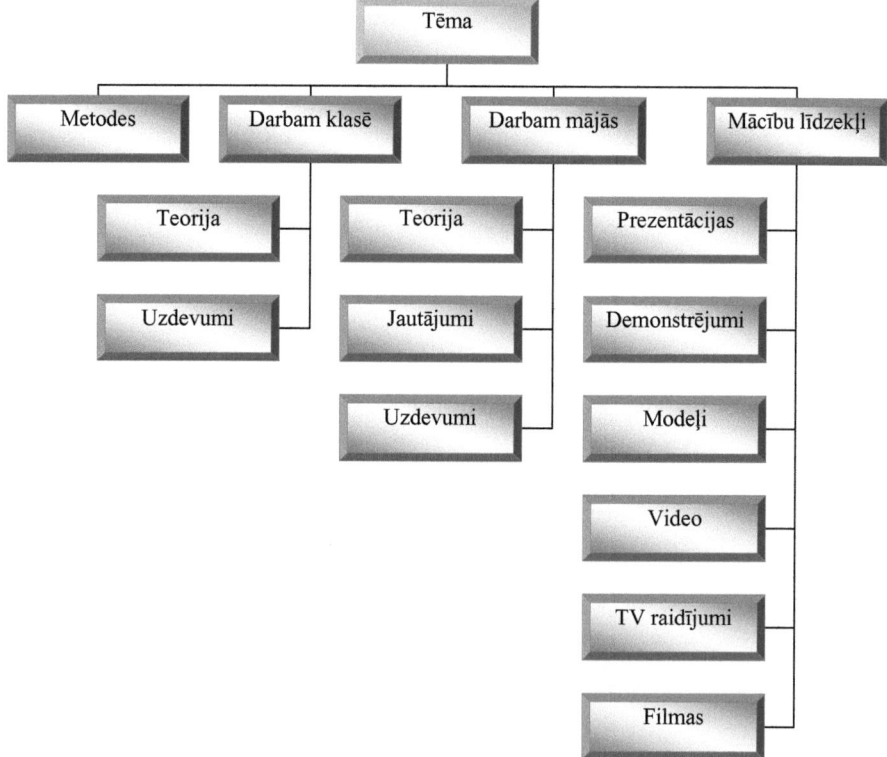

3.1.   att. **Stundu kartes uzbūve**

Stundu kartes sadalītas pa tematiem un veidotas kā informācijas banka, kas ir viena daļa no kopējās sistēmas kuru veido 9 tēmu mapes [3.2 att.].

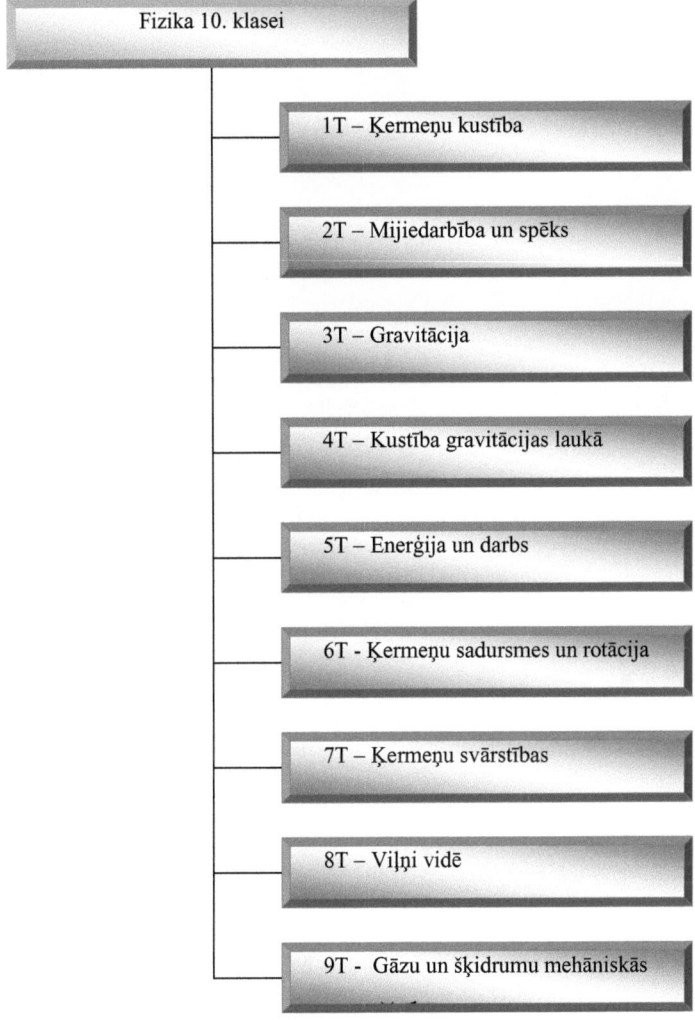

Fizika 10. klasei

1T – Ķermeņu kustība

2T – Mijiedarbība un spēks

3T – Gravitācija

4T – Kustība gravitācijas laukā

5T – Enerģija un darbs

6T - Ķermeņu sadursmes un rotācija

7T – Ķermeņu svārstības

8T – Viļņi vidē

9T - Gāzu un šķidrumu mehāniskās

3.2. att. **Fizikas tēmas 10. klasei**

Katrā tēmu mapē atrodas stundu skaitam atbilstošs mapīšu skaits kurās izvietoti dažādi stundā izmantojamie mācību materiāli - dokumenti, prezentācijas, modeļi, simulācijas, aktualitātes, attēli, ieskaišu uzdevumi, skolēnu radošie darbi u.c.

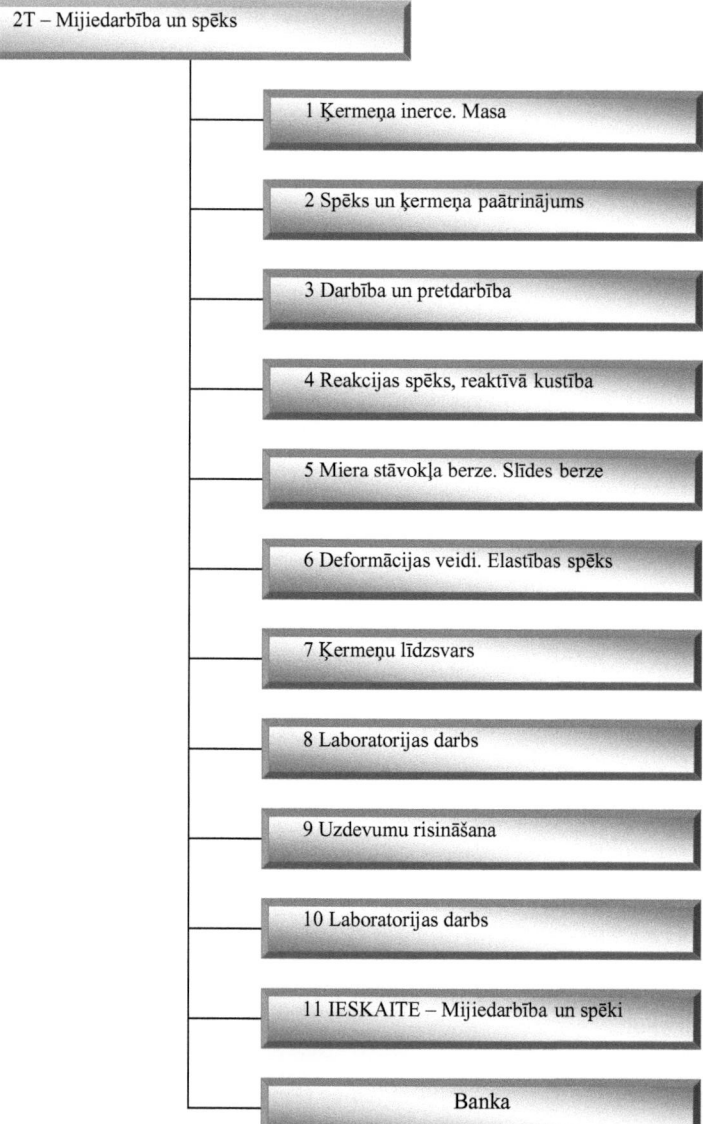

2T – Mijiedarbība un spēks

1 Ķermeņa inerce. Masa

2 Spēks un ķermeņa paātrinājums

3 Darbība un pretdarbība

4 Reakcijas spēks, reaktīvā kustība

5 Miera stāvokļa berze. Slīdes berze

6 Deformācijas veidi. Elastības spēks

7 Ķermeņu līdzsvars

8 Laboratorijas darbs

9 Uzdevumu risināšana

10 Laboratorijas darbs

11 IESKAITE – Mijiedarbība un spēki

Banka

3.3.   att. **Tēmas plānojums stundām**

16

Katrā tēmas mapē ir arī mape – banka. Tajā vispirms nonāk visi jaunie materiāli, pirms tie tiek sadalīti atbilstoši stundu tēmām. No stundu kartēm ir iespējam atvērt dažādas interneta saites ar video un datorsimulācijām, kuru pamatā ir reālās dzīves situācijas. Interneta adreses ir jāpārbauda savlaicīgi, jo ne vienmēr tās visas ir iespējams izmatot. Interneta vidē nav garantiju informācijas pieejamībai.

Stundu kartēs tiek izmantoti dažādi mācību līdzekļi fizikā vidusskolai, kuru apzīmējumi minēti zemāk:

FM – **Šilters, E., Reguts, V., Cābelis, A.** *Fizika 10 klasei.* Lielvārde: Lielvārds, 2004. 256 lpp.

FU – **Dzērve, U., Eidiņš, I.** *Fizikas uzdevumu krājums 10 klasei.* Lielvārde: Lielvārds, 2005.128 lpp.

FK - **Branka,V., Gaumigs, V., Puķītis, P.** *Fizika vidusskolai. Konspektīvs izklāsts.* Rīga: Apgāds Zvaigzne ABC, 2007. 263 lpp.

FS – **Šilters, E., Reguts, V., Cābelis A.** *Fizika 10 klasei. Skolotāja grāmata.* Lielvārde: Lielvārds, 2004. 140 lpp.

FTF - *Tabulas un formulas fizikā 8. – 12. klasei.* Satādījis U. Dzerve. Lielvārde: Lielvārds, 2004. 72 lpp.

FUR – **Krūmiņš, J., Puķītis, P.** *Palīdzam risināt fizikas uzdevumus 10. klasē.* Rīga: Pētergailis, 2006. 141 lpp.

FEU – **Puķītis, P.** *Eksperimentu uzdevumi fizikā vidusskolai.* Rīga: Apgāds Zvaigzne ABC, 2003. 102 lpp.

FDL – **Puķītis, P., Cābelis, A.** *Darba lapas fizikā 10. klasei.* Lielvārde: Lielvārds, 2007. 88 lpp.

F10DL – *Laboratorijas un pētnieciskie darbi skolēniem. Fizika 10. klase.* ISEC, 2008. 53 lpp.

FPD – **Cābelis, A.** *Pārbaudes darbi fizikā vidusskolām. 1. daļa 10. klasei.* Rīga: Pētergailis, 2002. 56 lpp.

FSM – Skolotāja darba materiāli.

Tālāk sniegti stundu karšu paraugi.

2.1. **Stundu karte**

Tēma	Ķermeņa inerce. Masa. Spēks un ķermeņa paātrinājums.
Metodes	Stāstījums, demonstrēšana, analīze, uzdevumu risināšana.
Stundas norises gaita	Ievadinformācija; Ieskaites analīze; Ķermeņa inerce un masa; Uzdevums; Spēks un ķermeņa paātrinājums; Uzdevums; Noslēgums.
Paragrāfs	FM 2.1. - 2.2. FK 2.1., 2.2., 2.3., 2.4., 2.5.
Uzdevumu paraugi	FM 2.3. FM 2.5. FU 2.13.
Prezentācijas	
Demonstrējumi	http://www.walter-fendt.de/ph14ru/n2law_ru.htm http://www.walter-fendt.de/ph14ru/carousel_ru.htm
Transparenti	Ņūtona likumi
Modeļi	Modelis 1.10. Saistītu ķermeņu kustība (Nekustīgs trīsis)
Video	
TV raidījumi	Drošais ceļš
Individuālie uzdevumi	FM 2.20. - 2.24. FM 2.25.– 2.28. FU 2.11., 2.18. FU 2.30., 2.41.
Analīze:	

2.2. Stundu karte

Tēma	Darbība un pretdarbība.
Metodes	Stāstījums, demonstrēšana, uzdevumu risināšana.
Stundas norises gaita	Ievadinformācija; Darbība un pretdarbība; Demonstrējums; Uzdevumi; Modelis; Noslēgums.
Paragrāfs	FM 2.3. FK 2.6., 2.7.
Uzdevumu paraugi:	

Prezentācijas	
Demonstrējumi	http://www.walter-fendt.de/ph14ru/inclplane_ru.htm
Modeļi	Modelis 1.11. Ar auklu saistītu ķermeņu kustība
Video	
Individuālie uzdevumi	FU 2.51., 2.55. FM 2.29. – 2.32.
Analīze:	

2.3. Stundu karte

Tēma	Reakcijas spēks, reaktīvā kustība.
Metodes	Stāstījums, demonstrēšana, uzdevumu risināšana.
Stundas norises gaita	Ievadinformācija; Reakcijas spēks, reaktīvā kustība; Modelis; Uzdevums; Demonstrējums; Noslēgums.
Paragrāfs	FM 2.4. FK 2.7. FK 2.8.
Uzdevumu paraugi	FM 2.8. FM 2.9. FU 2.71.
Prezentācijas Demonstrējumi	http://www.phy.ntnu.edu.tw/ntnujava/index.php?topic=1093.0
Modeļi	Modelis 1.19. Reaktīvā kustība
Video	
Individuālie uzdevumi	FM 2.33. FU 2.72.

Analīze:

2.4. Stundu karte

Tēma	Miera stāvokļa berze. Slīdes berze. Berzes koeficients.
Metodes	Stāstījums, demonstrēšana, uzdevumu risināšana, mācību eksperiments.
Stundas norises gaita	Ievadinformācija; Miera stāvokļa berze. Slīdes berze. Berzes koeficients; Prezentācija; Modelis; Uzdevumi; Eksperimentālais uzdevums – miera stāvokļa berzes spēks; Demonstrējumi; Noslēgums.
Paragrāfs	FM 2.5., 2.6. FK 2.7.
Uzdevumu paraugi	FUR 2.3. FU 2.67. FU 2.72. FEU 2.3., 8. vingrinājums FDL7 5. – 8. uzdevums
Prezentācijas	Prezentācija – Slīpā plakne
Demonstrējumi	http://www.phy.ntnu.edu.tw/ntnujava/index.php?topic=1.0 http://www.phy.ntnu.edu.tw/ntnujava/index.php?topic=159.0 http://www.phy.ntnu.edu.tw/ntnujava/index.php?topic=1092.0 http://www.phy.ntnu.edu.tw/ntnujava/index.php?topic=435.0
Modeļi	Modelis 1.15. Slīpā plakne
Video	
Individuālie uzdevumi	FM 2.34. – 2.36. FU 2.69.; 2.71.

Analīze:

2.5. Stundu karte

Tēma	Deformācijas veidi. Elastības spēks.
Metodes:	Stāstījums, demonstrēšana, uzdevumu risināšana.
Stundas norises gaita	Ievadinformācija; Deformācijas veidi. Elastības spēks; Prezentācija; Modeļi; Uzdevumi; Demonstrējumi; Noslēgums;
Paragrāfs	FM 2.7., 2.8. FK 2.7.
Uzdevumu paraugi	FUR 2.2., 2.16., 2.18. FU 2.101. FU 2.104. FU 2.107. FU 2.111. FEU 2.4., 12. vingrinājums FDL7 9. – 13. uzdevums
Prezentācijas	Deformācijas veidi
Demonstrējumi	http://www.phy.ntnu.edu.tw/ntnujava/index.php?topic=149.0 http://www.phy.ntnu.edu.tw/ntnujava/index.php?topic=1091.0 http://www.phy.ntnu.edu.tw/ntnujava/index.php?topic=350.0 http://www.phy.ntnu.edu.tw/ntnujava/index.php?topic=432.0
Modeļi	Modelis 1.14. Huka likums Modelis 1.22. Elastīgās un neelastīgās sadursmes Modelis 1.23. Elastīgo ložu sadursme
Video	
Individuālie uzdevumi	FM 2.37. – 2.40. FU 2.102. FU 2.105. FU 108.
Analīze:	

2.6. Stundu karte

Tēma	Ķermeņu līdzsvars.
Metodes	Stāstījums, demonstrēšana, uzdevumu risināšana, mācību eksperiments.
Stundas norises gaita	Ievadinformācija; Ķermeņu līdzsvars; Modelis; Uzdevumi; Mācību eksperiments - Līdzsvara rīki sportā; Demonstrējumi; Noslēgums.
Paragrāfs	FM 2.9.
Uzdevumu paraugi:	FM 2.41. F10DL – Svēršana bez svariem (39. lpp.)
Prezentācijas	
Demonstrējumi	Līdzsvara rīki sportā http://www.walter-fendt.de/ph14ru/equilibrium_ru.htm http://www.walter-fendt.de/ph14ru/lever_ru.htm http://www.phy.ntnu.edu.tw/ntnujava/index.php?topic=10.0 http://www.phy.ntnu.edu.tw/ntnujava/index.php?topic=171.0 http://www.phy.ntnu.edu.tw/ntnujava/index.php?topic=424.0
Modeļi	Modelis 1.16. Līdzsvars
Video	
Individuālie uzdevumi	FM 2.41. FU 2.143. FU 2.148.
Analīze:	

2.7. Stundu karte

Tēma	Laboratorijas darbs- Slīdes berzes koeficienta noteikšana.
Metodes:	Vizualizēšana, mācību eksperiments, analīze.
Stundas norises gaita	Ievadinformācija; Laboratorijas darbs; Noslēgums.
Paragrāfs	FM 2.6.
Laboratorijas darbs	FM - 2. darbs (73. lpp)

Analīze:

2.8. Stundu karte

Tēma	Uzdevumu risināšana.
Metodes:	Uzdevumu risināšana, jautājumi un atbildes.
Stundas norises gaita	Ievadinformācija; Uzdevumi; Noslēgums.
Paragrāfs	FM 2.1.– 2.9.
Uzdevumu paraugi:	FUR 2.4., 2.5. Skolotājas darba lapas
Individuālie uzdevumi	FDL7 Tests

Analīze:

2.9. Stundu karte

Tēma	Laboratorijas darbs- Elastības koeficienta noteikšana.
Metodes:	Vizualizēšana, mācību eksperiments, analīze.
Stundas norises gaita	Ievadinformācija; Laboratorijas darbs; Noslēgums.
Paragrāfs	FM 2.8.
Laboratorijas darbs	FM 2. darbs (73. lpp) F10DL Huka likums (37. lpp.) FPD 10-8P(2) FPD 10-8p(4)
Analīze:	

2.10. Stundu karte

Tēma	IESKAITE – Mijiedarbība un spēki.
Metodes:	Uzdevumu risināšana, pētnieciskais darbs, vizualizāšana.
Stundas norises gaita	Ievadinformācija; Ieskaite; Noslēgums.
Paragrāfs	FM 2.1. – 2.9.
Pārbaudes darbi	IESKAITE
Analīze:	

NOBEIGUMS

Darbs ar jauno fizikas standartu vidusskolai balstīts uz ļoti vienkāršu patiesību: Es nemācu fiziku, es mācu cilvēku...

Pedagogam nav jāmāca mācību grāmata, bet gan jāmāca skolēniem domāt loģiski un patstāvīgi, analizēt situācijas un pieņemt lēmumus. Jāmaina attieksme pret zināšanām – zināšanas ir atjaunojami resursi.

Stundu kartes palīdz to īstenot.

Svarīgi ir tas, ka mācību saturs ir pakāpenisks un secīgs. Katras jaunās tēmas apguve ir balstīta uz iepriekšējām zināšanām un prasmēm ne tikai fizikā, bet arī citos mācību priekšmetos.

Šobrīd fizikas kabinetos atrodas datori ar interneta pieslēgumu, iespējams izmantot projektorus un interaktīvās tāfeles, datu kameras un sensorus. Tieši eksperimenti un demonstrējums palīdz veidot skolēniem priekšstatus par fizikālajām parādībām.

Skolēni ar lielāku interesi mācās fiziku, ja stundās tiek dota iespēja veikt laboratorijas darbus, eksperimentēt un vērot demonstrējumus. Interesi par fiziku veicina arī tas, ka stundās iegūtās zināšanas var praktiski izmantot ikdienas dzīvē.

Izstrādātais mācību satura tematiskais plānojumu pa stundām ir tikai viens no iespējamajiem variantiem, pilnīgi iespējams, ka vēlāk radīsies nepieciešamība pēc izmaiņām, tiklīdz būs izveidota jauna materiālā bāze demonstrējumiem un laboratorijas darbiem. Šobrīd kalendārais plānojums balstās uz fizikas kabinetā esošo aprīkojumu un tā piedāvātajām iespējām.

Sagatavotās stundu kartes un aprobētas piecās 10. klasēs un vienā 11. klasē. Aprobējot sagatavotās stundu kartes, tika analizēts, kā ar to palīdzību mācību procesā izdodas pilnveidot skolēnu izpratni par dabu, tehniku un matemātiskajiem modeļiem, kā izdodas īstenot mācību priekšmeta standartā iestrādātās aktualitātes:

✓ sekmēt apgūstamā mācību satura saikni ar reālo dzīvi;
✓ veicināt skolēnu praktiski pētniecisko darbību;

26

✓ sekmēt mūsdienīgu mācību metožu un tehnoloģiju izmantošanu mācību procesā.

Iespējai mācību stundā izmatot pēc iespējas dažādākus mācību līdzekļus ir liela nozīme, jo izvēloties piemērotus, situācijai atbilstošus mācību līdzekļus iespējams ieinteresēt procentuāli lielāku skaitu skolēnu. No tā, cik pareizi pedagogs katrai stundai izvēlas mācību līdzekļus, cik ātri spējīgs reaģēt uz situāciju klasē, daudzējādā ziņā atkarīgs mācību procesa rezultāts. Dažādu mācību līdzekļu sintēze ir īpaši piemērota fizikas priekšmetam. Pedagogs tos kombinējot var iegūt labu rezultātu skolēnu mācību motivācijas veidošanai un mācību sasniegumu uzlabošanai. To apliecina skolēnu saņemto vērtējumu salīdzināšana I un II semestrī. Apkopotie rezultāti pierāda, ka daudzveidīgu mācību materiālu izmantošana ir īpaši nozīmīga tiem skolēniem, kam līdz šim konkrētais mācību priekšmets nav padevies.

Uzlabojas ne tikai skolēnu mācību sasniegumi, bet arī mainās attieksme pret fiziku, jo pedagogam ir iespēja mainīt mācību stundā izmantojamos mācību līdzekļus atbilstoši situācijai. Lai to īstenotu ir jābūt labam kontaktam ar klasi un pieredzei, jo ne vienmēr klusums klasē nozīmē interesi un izpratni par tēmu. Katru reizi kad skolu fizikas kabinetos nonāks jaunāks fizikas aprīkojums šo iespēju būs vēl vairāk un iespējams mainīsies arī stundu kartes. Stundu kartes tika veidotas kā „informācijas bankas" atbilstoši šobrīd izmantojamām tehnoloģiskajām iespējām. Stundu kartes nekad nebūs pabeigtas, jo šobrīd skolas bibliotēkā ienāk daudz jaunu grāmatu, enciklopēdiju, kuras jāiestrādā attiecīgajās tēmās, mainās interneta resursi, tiek piedāvāti jauni mācību materiāli un arī grāmatas. Lai ietaupītu laiku, vislabāk stundu kartes veidot un jaunāko informāciju pievienot tēmas mācīšanas procesā. Tikai tad nākošajā mācību gadā tās varēs mērķtiecīgi izmantot. Sākumā tas prasīs papildus darbu kas turpmākajā mācību procesā sevi pilnībā attaisnos. Stundu kartes palīdz pedagogam realizēt fizikas standartā izvirzītos mērķus un plānotos uzdevumus neradot papildus slodzi.

Autora ieteikumi:

Negaidiet ātru rezultātu: pirmie jūtamie rezultāti būs trešajā gadā. Skolēniem nepieciešams laiks lai apgūtu pētniecisko darba iemaņas, spēju plānot un uzņemties atbildību. Skolotājam nepieciešams laiks lai veiktu savas izmaiņas piedāvātajās stundu kartēs un praktiskā darbībā pielāgotu tās savam darba stilam un prasībā.

Ir jātic pašam un jāpārliecina skolēni: skolotājam ir jātic, ka skolēni ir spējīgi apgūt fiziku. Skolēniem sākumā ir jāļauj izvēlēties kādas grūtības pakāpes uzdevumus pildīt un regulāri jāanalizē rezultāti. Pārliecināšana jāveic mierīgi un pacietīgi pamatojot katru piedāvājumu. Tik ilgi, kamēr, skolēns uzskatīs, ka tas ir vajadzīgs skolotājam viņš visam pretosies. No skolotāja un skolēnu savstarpējās uzticēšanās ir atkarīgs gala rezultāts.

Jūs to varat: stundu kartes iespējams pielietot pa tēmām vai veidot savas tēmu kombinācijas atbilstoši izvirzītajam mērķim vai konkrētai situācijai. Katra tēma darbojas neatkarīgi un dod konkrētu rezultātu.

Nepamēģināsi - neuzzināsi: stundu kartes var tikt izmantota arī citos mācību priekšmetos situācijās kad skolēniem nepieciešams strādāt patstāvīgi, veikt lielāku darba apjomu tās var izmantot mācību procesa organizēšanai. Pat tas, ka man ir zināms priekšstats par stundu karšu pielietojumu citos mācību priekšmetos man nedod tiesības dot šeit konkrētākas norādes.

Viss vēl nav beidzies: lai arī stundu kartes ir izstrādāta un praksē pārbaudīta jau piecus gadus tā turpina attīstīties un pilnveidoties. Tiklīdz skolēni ir sasnieguši zināmu savas personības attīstības līmeni viņi paši mudina skolotāju domāt par nākošo augtāku pakāpi. Skolēni ir gatavi uzņemtie lielāku atbildību un vēl aktīvāk iesaistīties mācību procesā. Tāpēc šo stundu karšu attīstības posmu es iesaku turpināt katram savam kolēģim patstāvīgi atbilstoši skolēnu interesēm un vajadzībām.

Ar cieņu, Brigita

IZMANTOTĀ LITERATŪRA UN AVOTI

1. *Mācību satura izstrāde un skolotāju tālākizglītība dabaszinātņu, matemātikas un tehnoloģiju priekšmetos.* ISEC, 2008, Rīga: Izglītības satura un eksaminācijas centrs, 1. – 26. lpp.

2. *Mācību saturs un prasības tā apguvei. Fizika.* ISEC, 2008, Rīga: Izglītības satura un eksaminācijas centrs, 34 lpp.

3. *Profesijas standarts. Skolotājs.* IZM rīkojums rīkojumu Nr.116, 27.02.2004, Rīga: Izglītības un zinātnes ministrija. Pieejams: http://visc.gov.lv/saturs/profizgl/standarti/ps0238.pdf

4. *Vispārējās vidējās izglītības mācību priekšmeta standarts.* MK noteikumi Nr.715, 10. Pielikums, 02.09.2008, Rīga: Ministru kabinets. Pieejams: http://www.likumi.lv/doc.php?id=181216&from=off

5. *Fizika 10. – 12. klasei. Mācību priekšmeta programmas paraugs.* Pieejams: http://www.dzm.lv/fiz/fiz_prog_proj.pdf

6. **Šilters, E., Reguts, V., Cābelis, A.** *Fizika 10. klasei.* Lielvārde: Lielvārds, 2004. 256 lpp.

7. **Dzērve, U., Eidiņš, I.** *Fizikas uzdevumu krājums 10. klasei.* Lielvārde: Lielvārds, 2005.128 lpp.

8. **Krūmiņš, J., Puķītis, P.** *Palīdzam risināt fizikas uzdevumus 10. klasē.* Rīga: Pētergailis, 2006. 141 lpp.

9. **Šilters, E., Reguts, V., Cābelis, A.** *Fizika 10. klasei. Skolotāja grāmata.* Lielvārde: Lielvārds, 2004. 140 lpp.

10. **Branka,V., Gaumigs, V., Puķītis, P.** *Fizika vidusskolai. Konspektīvs izklāsts.* Rīga: Apgāds Zvaigzne ABC, 2007. 263 lpp.

11. *Tabulas un formulas fizikā 8. – 12. klasei.* Sastādījis U. Dzērve. Lielvārde: Lielvārds, 2004. 72 lpp.

12. **Puķītis, P., Cābelis, A.** *Darba lapas fizikā 10. klasei.* Lielvārde: Lielvārds, 2007. 88 lpp.

13. *Demonstrējumi un laboratorijas darbi skolēniem. Fizika 10. klase.* ISEC, 2008. 53 lpp.

14. *Atklātā fizika. 1. daļa.* MFTI profesora Koziola, S. redakcijā.

15. *PhET.* Pieejams: http://phet.colorado.edu/simulations/

16. **Šilters, E., Reguts, V., Cābelis, A.** Fizika 11. klasei. Lielvārde: Lielvārds, 2006. 285 lpp.

17. **Vinogradovs, S.** *Fizikas uzdevumu krājums 11. un 12. klasei.* Lielvārde: Lielvārds, 2006. 271 lpp.

18. **Šilters, E., Reguts, V., Cābelis, A., Vinogradovs, S.** *Fizika vidusskolai. Skolotāja grāmata.* Lielvārde: Lielvārds, 2009. 280 lpp.

19. **Krūmiņš, J., Puķītis, P.** *Palīdzam risināt fizikas uzdevumus 11. klasē.* Rīga: Pētergailis, 2008. 168 lpp.

20. **Puķītis, P.** *Eksperimentu uzdevumi fizikā vidusskolai.* Rīga: Apgāds Zvaigzne ABC, 2003. 102 lpp.

21. **Cābelis, A., Zariņš, G.** *Individuālie uzdevumi fizikā. Molekulārfizika un elektrodinamikas pamati.* Rīga: Apgāds „Mācību grāmata", 1996. 56 lpp.

22. *Demonstrējumi un laboratorijas darbi skolēniem. Fizika 11. klase.* ISEC, 2008. 44 lpp.

23. *Atklātā fizika. 2. daļa. MFTI profesora Koziola, S. redakcijā.*

24. **Cābelis, A.** *Pārbaudes darbi fizikā vidusskolām. 1. daļa 10. klasei.* Rīga: Pētergailis, 2002. 56 lpp.

25. **Cābelis, A.** *Pārbaudes darbi fizikā vidusskolām. 2. daļa 11. klasei.* Rīga: Pētergailis, 2002. 70 lpp.

Mācību metodes

Darbs ar tekstu	Skolotājs piedāvā informāciju drukātā vai elektroniskā formātā mācību uzdevumu veikšanai mācību stundā/mājās vai pašizglītībai. Skolēns iepazīstas ar tekstu, iegūst un izmanto informāciju atbilstoši mācību uzdevumam.
Demonstrēšana	Skolotājs vai skolēns rāda un stāsta pārējiem skolēniem, kāda ir dota objekta uzbūve, kā notiek procesi.
Diskusija	Skolotājs vai skolēni piedāvā apspriešanai kādu jautājumu. Skolēni (grupa vai visa klase) argumentēti aizstāv savu un uzklausa citu viedokli.
Izpēte (izzināšana)	Skolotājs uzdod izzināt kādu objektu, parādību vai procesu, konkretizējot pētāmo jautājumu. Skolēni meklē atbildes, vāc informāciju, izvirza pieņēmumus, pārbauda tos.
Jautājumi un atbildes (mācību dialogs)	Skolotājs vai skolēns uzdod jautājumus un virza sarunu, ņemot vērā saņemtās atbildes un iesaistot pārējos skolēnus.
Laboratorijas darbs	Skolotājs uzdod veikt eksperimentālus uzdevumus attiecīgi aprīkotā telpā vai izmantojot laboratorijas aprīkojumu. Skolotājs iepazīstina skolēnus vai skolēni iepazīstas patstāvīgi ar darba mērķiem, uzdevumiem, piederumiem, darba gaitu un drošības noteikumiem. Skolēni (klase vai grupa) skolotāja vadībā vai patstāvīgi veic uzdoto, fiksē novērojumus, iegūst un apstrādā datus un raksta secinājumus. Laboratorijas darbus var veikt arī virtuāli, piemēram, ja nav nepieciešamo iekārtu un piederumu, ir pārāk dārgi, bīstami veselībai, kā arī notiek ilgstoši.
Lomu spēle	Skolotājs piedāvā skolēniem mācību situācijas aprakstu. Skolēni, uzņemoties kādu lomu, rīkojas tipiski reālai situācijai. Pārējie skolēni vēro, analizē, diskutē, vērtē.
Pētījums (ZPD)	Skolēns mērķtiecīga zinātniskās izziņas darbības procesā risina formulēto problēmu - izvirza hipotēzi, vāc informāciju, eksperimentē, analizē un secina. Pētījuma rezultātā tiek apkopota un atspoguļota jauna informācija, atbilstoši noteiktiem kritērijiem.
Pētnieciskais laboratorijas darbs (PLD)	Skolēni noskaidro atbildi uz jautājumu par kādu parādību praktiski pētnieciskā ceļā vai teorētiski modelējot. Skolēni izvirza hipotēzi, izvēlas pētāmos lielumus vai pazīmes, vairākkārtīgi atkārtojot mērījumus, noskaidro atbildi, secina un rezultātus apkopo rakstiska

Prāta vētra	pārskata veidā. Viens no PLD veidiem ir mācību eksperiments, ko skolēns, saskaņojot ar skolotāju, veic patstāvīgi ārpus mācību stundas laika. Skolēni, pamatojoties uz savu pieredzi, izsaka idejas, atslēgas vārdus, iespējamās atbildes u.tml. par noteiktu jautājumu, uzmanīgi klausoties, papildinot, bet nekomentējot un nevērtējot citu idejas.
Problēmu risināšana	Skolotājs vai skolēns formulē problēmu, kura jāatrisina. Skolēni izvirza jautājumus, precizē problēmu, izdomā risinājuma plānu, analizē risinājumus, izvērtē rezultātu un problēmas risinājumu.
Situācijas analīze	Skolotājs vai skolēns piedāvā skolēniem situācijas aprakstu un uzdod atbildēt uz jautājumu vai jautājumiem par šo situāciju. Skolēni pārrunā (dažkārt arī novēro), analizē, pieraksta, secina, veido kopsavilkumus vai ieteikumus.
Situāciju izspēle (simulācijas)	Skolotājs piedāvā skolēniem situācijas aprakstu. Skolēni modelē šo situāciju reāli vai virtuāli, atbilstoši apstākļiem pieņem lēmumu.
Spēles	Skolotājs ir sagatavojis vai izmanto tematiski atbilstošu galda vai kustību spēli un pirms tās iepazīstina skolēnus ar spēles noteikumiem. Spēles sagatavošanu pēc skolotāja norādījumiem var veikt arī skolēni.
Stāstījums (izklāsts, lekcija)	Skolotājs vai skolēns izklāsta saturu, kas var būt kādu ideju, viedokļu, faktu, teoriju vai notikumu izklāsts. Skolēni klausās, veido pierakstus atbilstoši uzdevumam, uzdod jautājumus.
Strukturēti rakstu darbi	Skolotājs aicina skolēnus pēc noteiktas struktūras veidot rakstu darbu (argumentētu eseju, aprakstu u. c.) par noteiktu tematu. Skolēni individuāli raksta, ievērojot noteikto darba struktūru, izmantojot savas zināšanas un izsakot savas domas, attieksmi.
Uzdevumu risināšana un veidošana	Skolēni, veicot noteiktas darbības, risina tipveida uzdevumus, kā arī paši veido uzdevumus.
Vingrināšanās	Skolotājs uzdod un skolēni veic vienveidīgas darbības pēc noteikta parauga, lai pilnveidotu konkrētas prasmes.
Vizualizēšana	Skolotājs vai skolēni izmanto vai izveido patstāvīgi dažādus uzskates līdzekļus - domu kartes, shēmas, diagrammas, tabulas, plānus, kartes, zīmējumus u. c. Skolēni veido vai izmanto arī telpiskus modeļus objektu vai procesu vizualizēšanai.

Mācību priekšmeta tematiskais plāns – apguves secība un apguvei paredzētais laiks 10. klasei

EKSPERIMENTĀLAIS UN PĒTNIECISKAIS DARBS FIZIKĀ

<u>Mērķis:</u> Apgūt praktiskās un pētnieciskās darbības pamatus.

<u>Uzdevumi:</u>

➢ Mācīties veikt pētniecisko darbību;

➢ Mācīties lietot IKT;

➢ Mācīties lietot grafisko un vizuālo informāciju;

➢ Nostiprināt fizikas terminu un decimālo daudzkārtņu lietošanu;

➢ Apgūt mūsdienu mērīšanas tehnoloģiju iespējas.

<u>Starppriekšmetu saikne:</u>

Matemātika:

➢ Darbības ar skaitļa desmit pakāpēm un skaitļa normālformu;

➢ Nezināmā izteikšana no vienādības;

➢ Funkcijas grafiku konstruēšana un pētīšana.

Informātika:

➢ Darbs ar datoru un rīkošanās ar datnēm;

➢ Grafisko attēlu apstrādes lietotnes izmantošana;

➢ Informācijas ieguve un komunikācijas līdzekļu izmantošana.

<u>Paredzamais rezultāts:</u>

Analizē: mērīšanas nozīmi kā informācijas ieguvi fizikā.

Apgūst: darba noformēšanu, datu apstrādi.

Apkopo un prezentē: pieejamo informāciju par mūsdienu pētīšanas metodēm fizikā.

Attēlo: mērījuma rezultātus tabulā un grafikā.

Ievēro: ierīču lietošanas noteikumus un drošas darba metodes.

Iepazīst:

➢ iepazīst mērīšanas metodes;

➢ dabaszinātniskā izziņas ceļa soļus fizikā.

Izprot:

➢ fizikālā lieluma atkārtotas mērīšanas nozīmi;

➢ skaitļa normālformas un decimālo daudzkārtņu lietojumu;

➢ novērojuma, eksperimenta un modelēšanas nozīmi dabas pētījumu vēsturiskā attīstībā.

Izvēlas: atbilstīgas un savstarpēji saskaņotas mērvienības.

Izvērtē: mērījumos iegūto datu precizitāti, izdara secinājumus.

Pamato: mūsdienu mērīšanas tehnoloģiju izmantošanas iespējas.

Salīdzina: dažādas fizikālo lielumu mērīšanas metodes.

Saskata:

➢ IKT priekšrocības datu ieguvē, apstrādē un dabas procesu modelēšanā;

➢ grafiskā attēlojuma priekšrocības.

Veic:

➢ eksperimentu pēc skolotāja parauga;

➢ laboratorijas darbu pēc pilna apraksta.

Lieto fizikas jēdzienus:

➢ novērojums;

➢ hipotēze;

➢ eksperiments;

➢ pētījums;

➢ mērījuma rezultāts un mērvienības;

➢ mērījuma precizitāte.

Mācību satura apguves kalendārais plāns:

Tēma -		Datums
Temats		
Fizikas uzdevums		
Vektori un darbības ar vektoriem		

2.1. ĶERMEŅU KUSTĪBA

Mērķis: Iemācīties skaidrot ķermeņa kustību, izmantojot vienmērīgas un vienmērīgi paātrinātas taisnlīnijas kustības likumus.

Uzdevumi:

➤ Mācīties aprakstīt apkārtējās vides daudzveidību;

➤ Mācīties lietot fizikālus modeļus dabas procesu pētīšanā;

➤ Mācīties izvirzīt hipotēzes;

➤ Mācīties iegūt un apstrādāt datus laboratorijas darbos;

➤ Mācīties strādāt ar dažādiem informācijas avotiem;

➤ Mācīties veikt aprēķinus;

➤ Iemācīties lietot fizikālo lielumu apzīmējumus;

➤ Iemācīties lietot funkcionālo sakarību grafiskos attēlojumus.

Starppriekšmetu saikne:

Matemātika:

➤ Sakarības taisnleņķa trijstūrī;

➤ Vektori, to projekcijas un darbības ar tiem;

➤ Nezināmā izteikšana no vienādības;

➤ Funkcijas grafiku konstruēšana un pētīšana.

Informātika:

➤ Darbs ar datoru un rīkošanās ar datnēm;

➤ Grafisko attēlu apstrādes lietotnes izmantošana;

35

➤ Informācijas ieguve un komunikācijas līdzekļu izmantošana.

<u>Paredzamais rezultāts:</u>

Analizē:

➢ iegūtos rezultātus un sensora reģistrētos mērījumus;

➢ ķermeņa vienmērīgu kustību;

➢ paātrinātu kustību;

➢ kustību pa riņķa līniju;

➢ funkcionālas sakarības vienmērīgā, vienmērīgi paātrinātā taisnlīnijas kustībā.

Aprēķina:

➢ kustības vidējo un momentāno ātrumu, paātrinājumu;

➢ lineāro ātrumu, leņķisko ātrumu;

➢ kustības laiku, veikto pārvietojumu un ceļu;

➢ rotācijas frekvenci un periodu, centrtieces paātrinājumu;

➢ šķidruma un gāzes plūsmas ātrumu.

Attēlo: funkcionālas sakarības vienmērīgā, vienmērīgi paātrinātā taisnlīnijas kustībā.

Ilustrē: kustības dažādību ar piemēriem no apkārtējās vides.

Izmanto:

➢ masas punkta un cieta ķermeņa jēdzienu taisnlīnijas un līklīnijas kustības analīzē;

➢ lamināras un turbulentas plūsmas jēdzienu šķidrumu un gāzes plūsmu aprakstā;

➢ darba gaitas aprakstu, nosakot lodītes paātrinājumu, tai ripojot pa slīpu renīti.

Izvirza: hipotēzi.

Nosaka: plakanas figūras masas centru un ķermeņa kustības lineāro ātrumu.

Salīdzina: dažādas kustības dabā ar vienmērīgas taisnlīnijas un vienmērīgi paātrinātas kustības modeļiem.

Lieto fizikas jēdzienus:

➢ skalāri un vektoriāli lielumi;

➢ atskaites ķermenis;

➢ pārvietojums;

36

> paātrinājums;

> lineārais ātrums;

> leņķiskais ātrums;

> centrtieces paātrinājums.

Mācību satura apguves kalendārais plāns:

Tēma - **Ķermeņu kustība.**	Datums								
Temats									
Ķermeņi. Masas punkti.									
Kustība. Koordinātu sistēma.									
Trajektorija.Ceļš. Pārvietojums. Ātrums.									
Vienmērīga taisnlīnijas kustība									
Paātrinājums. Pāātrinātas taisnlīnijas kustība									
Pāātrinātas taisnlīnijas kustības grafiki									
Kustība pa riņķa līniju									
Laboratorijas darbs – Lodītes vidējā ātruma noteikšana									
Laboratorijas darbs – Lodītes paātrinājuma noteikšana									
IESKAITE – Ķermeņu kustība									

2.2. MIJIEDARBĪBA UN SPĒKS

<u>Mērķis:</u> Iemācīties analizēt galveno mijiedarbības veidu izpausmi apkārtējā vidē.

<u>Uzdevumi:</u>

> Iemācīties analizēt galveno mijiedarbības veidu izpausmi dabā un tehnikā;

> Mācīties novērtēt cēloņsakarības fizikālo parādību un procesu norisē;

> Mācīties atlasīt un izvērtē informāciju no dažādiem informācijas avotiem;;

> Iemācīties veikt mērījumus;

> Mācīties apkopo datus;

> Mācīties iegūt un izvērtēt rezultātu;

> Iemācīties veikt aprēķinus;

> Iemācīties lietot fizikālo lielumu apzīmējumus;

> Iemācīties lietot vizuālo un grafisko informāciju fizikālo procesu attēlošanā;

> Iemācīties analizēt savu rīcību un rīkoties atbilstīgi savai un apkārtējo drošībai.

Starppriekšmetu saikne:

Matemātika:

> Sakarības taisnleņķa trijstūrī;

> Vektori, to projekcijas un darbības ar tiem;

> Nezināmā izteikšana no vienādības;

> Funkcijas grafiku konstruēšana un pētīšana.

Informātika:

> Darbs ar datoru un rīkošanās ar datnēm;

> Grafisko attēlu apstrādes lietotnes izmantošana;

> Informācijas ieguve un komunikācijas līdzekļu izmantošana.

Paredzamais rezultāts:

Analizē:

> analizē funkcionālās sakarības;

> iegūto informāciju, rezultātus;

> satiksmes noteikumu ievērošanas nepieciešamību.

Aprēķina:

masu, blīvumu, kopspēku, paātrinājumu, berzes un elastības spēku, Arhimeda spēku, normālās reakcijas spēku, berzes koeficientu, stinguma koeficientu, absolūto un relatīvo pagarinājumu.

Attēlo:

> attēlo spēkus, kopspēku un ķermeņa kustības virzienu;

> attēlo funkcionālās sakarības.

Ilustrē: mijiedarbības un spēku dažādību apkārtējā vidē.

Izmanto:

> fizikālo lielumu apzīmējumus;

> SI mērvienības;

> Ārpussistēmas mērvienības;

> Skaitļu normālformas un decimālos daudzkārtņus.

Izprot:

➢ ķermeņa masas un inerces nozīmi ķermeņu kustībā;

➢ ķermeņu kustības cēloņsakarības;

➢ Izskaidro: ķermeņu kustību, izmantojot Ņūtona likumus;

➢ ķermeņu kustības cēloņsakarības.

Izveido: shēmas par dažādiem berzes veidiem un dažādiem deformācijas veidiem

Izvērtē:

➢ rezultātu;

➢ drošības pasākumus un riska faktorus transporta līdzekļu kustībā.

Nosaka :

➢ miera berzes spēku, auklas sastiepuma spēku;

➢ slīdes berzes koeficientu, atsperes stinguma koeficientu.

Pēta: cēlējspēku šķidrumā un nosaka iegrimušā ķermeņa blīvumu.

Salīdzina: berzes koeficienta vērtības, kas iegūtas no dažādiem informācijas avotiem.

Veic: mērījumus.

Lieto fizikas jēdzienus:

➢ Mijiedarbība, spēks, inerce, berze, slīdes berzes koeficients, deformācija.

Mācību satura apguves kalendārais plāns:

Tēma - **Mijiedarbība un spēks**	Datums								
Temats									
Ķermeņa inerce. Masa	▓								
Spēks un ķermeņa paātrinājums	▓								
Darbība un pretdarbība		▓							
Reakcijas spēks, reaktīvā kustība		▓							
Miera stāvokļa berze. Slīdes berze. Berzes koeficients			▓						
Deformācijas veidi. Elastības spēks				▓					
Ķermeņu līdzsvars					▓				
Laboratorijas darbs- Slīdes berzes koeficienta noteikšana						▓			
Uzdevumu risināšana							▓		
Laboratorijas darbs- Elastības koeficienta noteikšana								▓	
IESKAITE – Mijiedarbība un spēki									▓

2.3. GRAVITĀCIJA

<u>Mērķis</u>: Veidot izpratni par gravitācijas mijiedarbību.

<u>Uzdevumi:</u>

➢ Mācīties analizēt galveno mijiedarbības veidu izpausmi dabā un tehnikā;

➢ Mācīties ilustrēt Visums procesus izmantojot megapasaules modeļus;

➢ Mācīties veikt eksperimentus un pētījumus, apstrādāt datus;

➢ Mācīties lietot IT fizikālo procesu vizualizēšanā un prognozēšanā;

➢ Mācīties sagatavot un prezentēt ziņojumus;

➢ Mācīties izvērtēt tehnoloģiju izmatošanu.

<u>Starppriekšmetu saikne:</u>
Matemātika:

➢ Sakarības taisnleņķa trijstūrī;

➢ Vektori, to projekcijas un darbības ar tiem;

➢ Nezināmā izteikšana no vienādības.

Informātika:

➢ Darbs ar datoru un rīkošanās ar datnēm;

➢ Grafisko attēlu apstrādes lietotnes izmantošana;

➢ Informācijas ieguve un komunikācijas līdzekļu izmantošana;

➢ Prezentācijas materiālu sagatavošana un demonstrēšana.

<u>Paredzamais rezultāts:</u>
Izprot:

➢ Gravitācijas spēka nozīmi ķermeņos;

➢ Gravitācijas likumu nozīmīgumu;

➢ IT priekšrocības dabas procesu modelēšanā.

Izskaidro:

➢ Paisuma un bēguma cēloņus;

> Novērojuma, eksperimenta un modelēšanas nozīmi dabas pētījumu vēsturiskajā attīstībā;

> Sabiedrības attieksmes maiņu pret Visuma izpēti vēsture gaitā.

Izvērtē: Fizikas nozīmi Visuma izpētes attīstībā.

Analizē: Grūtības ko nākas pārvarēt pētot Saules sistēmas debess ķermeņus.

Lieto fizikas jēdzienus:

> Gravitācija;

> Gravitācijas spēks;

> Gravitācijas konstante;

> Smaguma spēks, tā izraisītais paātrinājums.

Mācību satura apguves kalendārais plāns:

Tēma - **Gravitācija.**	Datums					
Temats						
Gravitācijas likumi						
Gravitācijas lauks						
Smaguma spēks. Brīvās krišanas paātrinājums						
Laboratorijas darbs – Brīvās krišanas paātrinājuma noteikšana						
Ķermeņa svars						
Svars un kustība pa tiltiem						
Uzdevumu risināšana						
IESKAITE – Gravitācija un debesu ķermeņu kustība						

2.4. KUSTĪBA GRAVITĀCIJAS LAUKĀ

<u>Mērķis</u>: Mācīties skaidrot ķermeņu kustību gravitācijas laukā.

<u>Uzdevumi:</u>

> Mācīties veikt eksperimentus un pētījumus, apstrādāt datus;

> Mācīties lietot IT fizikālo procesu vizualizēšanā un prognozēšanā;

> Mācīties sagatavot un prezentēt ziņojumus;

> Mācīties izvērtēt tehnoloģiju izmatošanu.

41

Starppriekšmetu saikne:

Matemātika:

> Sakarības taisnleņķa trijstūrī;

> Vektori, to projekcijas un darbības ar tiem;

> Nezināmā izteikšana no vienādības.

Informātika:

> Darbs ar datoru un rīkošanās ar datnēm;

> Grafisko attēlu apstrādes lietotnes izmantošana;

> Informācijas ieguve un komunikācijas līdzekļu izmantošana;

> Prezentācijas materiālu sagatavošana un demonstrēšana.

Paredzamais rezultāts:

Izprot:

> IT priekšrocības dabas procesu modelēšanā.

Izskaidro:

> Ķermeņu kustību gravitācijas laukā;

> Zemes mākslīgo pavadoņu kustību;

> Novērojuma, eksperimenta un modelēšanas nozīmi dabas pētījumu vēsturiskajā attīstībā;

> Sabiedrības attieksmes maiņu pret Visuma izpēti vēsture gaitā.

Izvērtē:

> Rezultātus, eksperimentāli nosakot brīvās krišanas paātrinājumu un vertikāli uz augšu mesta ķermeņa sākuma ātrumu;

> Rezultātus laboratorijas darbā par horizontāli vai slīpi sviesta ķermeņa kustību;

> Fizikas nozīmi Visuma izpētes attīstībā.

Analizē:

> Satelītu izmantošanas priekšrocības un daudzveidību;

> Grūtības ko nākas pārvarēt pētot Saules sistēmas debess ķermeņus.

Vizualizē:

> Keplera likumus;

> Kosmisko ātrumu nozīmi Visuma izpētē.

42

Lieto fizikas jēdzienus:

➢ Gravitācija;

➢ Gravitācijas spēks;

➢ Gravitācijas konstante;

➢ Smaguma spēks, tā izraisītais paātrinājums;

➢ Ķermeņa svars un bezsvara stāvoklis;

➢ Kosmiskie likumi.

Mācību satura apguves kalendārais plāns:

Tēma - **Kustība gravitācijas laukā.**	Datums										
Temats											
Vertikālā krišana											
Vertikālais sviediens											
Laboratorijas darbs- Kustība vertikālā sviedienā											
Horizontālais sviediens											
Laboratorijas darbs- Sākuma ātrums horizontālā sviedienā											
Slīps sviediens											
Uzdevumu risināšana											
Laboratorijas darbs- Slīpā sviediena pētīšana											
Keplera likumi											
Uzdevumu risināšana											
Kosmiskie ātrumi											
IESKAITE – Sviedieni											

2.5. DARBS. JAUDA. ENERĢIJA.

Mērķis: Veidot izpratni un nostiprināt zināšanas par enerģijas pārvērtībām dabā.

Uzdevumi:

➢ Mācīties izskaidrot dabas un tehnikas vidē notiekošās fizikālās parādības un procesus;

➢ Iemācīties lietot fizikas jēdzienus un pamatlikumus;

➢ Iemācīties analizēt ķermeņu kustību no dinamiskā un enerģētiskā viedokļa;

➢ Mācīties izvirzīt hipotēzi;

➢ Mācīties plānot darba gaitu;

43

> Mācīties veikt mērījumus izvērtēt rezultātus un izdarīt secinājumus;

> Iemācīties veikt aprēķinus;

> Iemācīties lietot fizikālo lielumu apzīmējumus;

> Iemācīties lietot vizuālo un grafisko informāciju fizikālo procesu attēlošanā;

> Mācīties lietot IKT mērījumu ieguvē un apstrādē.

Starppriekšmetu saikne:

Matemātika:

> Sakarības taisnleņķa trijstūrī;

> Vektori, to projekcijas un darbības ar tiem;

> Nezināmā izteikšana no vienādības;

> Funkcijas grafiku konstruēšana un pētīšana.

Informātika:

> Darbs ar datoru un rīkošanās ar datnēm;

> Grafisko attēlu apstrādes lietotnes izmantošana;

> Informācijas ieguve un komunikācijas līdzekļu izmantošana;

> Prezentācijas materiālu sagatavošana un demonstrēšana.

Paredzamais rezultāts:

Analizē: pilnās mehāniskās enerģijas saglabāšanos ķermeņu brīvajā krišanā.

Aprēķina: darbu, jaudu, kinētisko enerģiju, potenciālo enerģiju, pilno mehānisko enerģiju, lietderības koeficientu.

Iegūst: datus un izdara secinājumus.

Izmanto:

> vektorus spēka iedarbības virziena attēlošanai;

> stroboskopiskus attēlus.

Izprot:

> Bernulli likumu izpausmes apkārtējā vidē;

> Enerģijas nezūdamības likuma nozīmi fizikālo parādību un procesu norisē;

> Darba un enerģijas cēloņsakarību.

Izskaidro: ķermeņu kustību no enerģētiskā viedokļa.

44

Izveido: savu shēmu vai diagrammu enerģijas nezūdamības likuma ilustrācijai.

Izvēlas: ierīces mērījumu veikšanai.

Izvirza: hipotēzi, veicot, veicot pētījumus par dažādu vienkāršo mehānismu lietderības koeficientiem.

Izvērtē: rezultātus un izdara secinājumus.

Lieto:

> fizikālo lielumu apzīmējumus;

> SI mērvienības un ārpussistēmas mērvienības;

> Grafiskus darba, jaudas un enerģijas procesu aprakstus.

Novērtē: deformēta un virs zemes pacelta ķermeņa potenciālo enerģiju.

Plāno: darba gaitu.

Veic:

> Mērījumus;

> virtuālu laboratorijas darbu, lai pārbaudītu enerģijas nezūdamības likumu.

Lieto fizikas jēdzienus:

> Darbs;

> Kinētiskā enerģija;

> Potenciālā enerģija;

> Pilnā mehāniskā enerģija;

> Jauda;

> Lietderības koeficients.

Mācību satura apguves kalendārais plāns:

Tēma - **Darbs. Jauda. Enerģija.**	Datums												
Temats													
Enerģija un darbs	▓												
Spēka darbs ķermeņu kustībā	▓												
Kinētiskā enerģija			▓										
Deformēta ķermeņa potenciālā enerģija				▓									
Virs zemes pacelta ķermeņa potenciālā encrģija						▓							
Pilnā mehāniskā enerģija							▓						
Mašīnu jauda un lietderības koeficients									▓				
Uzdevumu risināšana										▓			

Laboratorijas darbs – Slīpās plaknes lietderības koeficients								■		
Uzdevumu risināšana								■		
Laboratorijas darbs- Enerģijas nezūdamības likuma pārbaude									■	
IESKAITE – Enerģija un darbs										■

2.6. SADURSMES UN ROTĀCIJA

<u>Mērķis:</u> Iemācīties skaidrot ķermeņu sadursmes, izmatojot impulsa un enerģijas nezūdamības likumus.

<u>Uzdevumi:</u>

> ➤ Mācīties izskaidrot dabā un tehnikā notiekošās parādības un procesus, lietojot fizikas jēdzienus un pamatlikumus;

> ➤ Mācīties atlasīt informāciju no dažādiem informācijas avotiem;

> ➤ Mācīties plānot darba gaitu;

> ➤ Iemācīties izvēlēties mērījumu veikšanai nepieciešamās ierīces;

> ➤ Mācīties veikt mērījumus, izvērtēt rezultātus un izdarīt secinājumus;

> ➤ Mācīties lietot IKT fizikālo mērījumu ieguvē un apstrādē;

> ➤ Mācīties izvērtēt tehnoloģiju izmantošanas vēsturisko pieredzi un ietekmi uz sabiedrību un vidi.

<u>Starppriekšmetu saikne:</u>

Matemātika:

> ➤ Sakarības taisnleņķa trijstūrī;

> ➤ Vektori, to projekcijas un darbības ar tiem;

> ➤ Nezināmā izteikšana no vienādības;

> ➤ Funkcijas grafiku konstruēšana un pētīšana.

Informātika:

> ➤ Darbs ar datoru un rīkošanās ar datnēm;

> ➤ Grafisko attēlu apstrādes lietotnes izmantošana;

> ➤ Informācijas ieguve un komunikācijas līdzekļu izmantošana;

> ➤ Prezentācijas materiālu sagatavošana un demonstrēšana.

<u>Paredzamais rezultāts:</u>

Analizē:

> ➤ iegūtos rezultātus;

> sviru un trīša lietojuma vēsturisko attīstību.

Izmanto: ITK.

Izprot: drošības noteikumus transportā, sadzīvē un sportā.

Izskaidro:

> ķermeņu sadursmes, izmantojot impulsa un enerģijas nezūdamības likums;

> reaktīvā dzinēja darbības pamatprincipus;

> sviru un trīšu lietošanas priekšrocības;

> reaktīvās kustības nozīmi tehnikas attīstībā.

Izvēlas: ierīces mērījumu veikšanai.

Izvērtē:

> iegūto rezultātu un izdara secinājumus;

> impulsa nozīmi ķermeņu sadursmēs.

Nosaka: ķermeņa masu, izmantojot sviru.

Pārbauda: virtuālā eksperimentā impulsa un enerģijas nezūdamības likumu sadursmēs.

Plāno:

> darba gaitu laboratorijas darbā;

> pētījumu par impulsa nezūdamības likuma izpausmēm sportā.

Prezentē: ziņojumu par vienkāršo mehānismu izmantošanu sadzīvē un žiroskopu izmantošanu mūsdienu tehnoloģijās.

Veic: mērījumus.

Lieto fizikas jēdzienus:

> Impulss;

> Spēka impulss;

> Spēka moments;

> Elastīga un neelastīga sadursme.

Mācību satura apguves kalendārais plāns:

Tēma - **Sadursmes un rotācija**	Datums								
Temats									
Impulss	▓								
Sadursmes		▓							
Spēka impulss		▓							
Spēka moments			▓						
Rotējoša ķermeņa inerces un kinētiskā enerģija				▓					
Impulsa moments. Vilciņi un žiroskopi				▓					
Laboratorijas darbs - Spēka momentu likumu pārbaude					▓				
Uzdevumu risināšana						▓			
Laboratorijas darbs - Impulsa nezūdamības likumu pārbaude							▓		
IESKAITE – Sadursmes un rotācija								▓	

2.7. ĶERMEŅU SVĀRSTĪBAS

<u>Mērķis:</u> Apgūt prasmes skaidrot svārstību procesus, izmantojot enerģijas nezūdamības likumus.

<u>Uzdevumi:</u>

> ➤ Mācīties izskaidrot dabā un tehnikā notiekošās parādības un procesus, lietojot fizikas jēdzienus un pamatlikumus;

> ➤ Mācīties lietot fizikālus modeļus un reālus objektus dabas procesu pētīšanā;

> ➤ Mācīties veikt pētījumus;

> ➤ Mācīties izvērtēt un diskutēt par pētījumu rezultātiem;

> ➤ Iemācīties izmantot vizuālo un grafisko informāciju fizikas procesu attēlošanā;

> ➤ Mācīties izskaidrot fizikas sasniegumu nozīmi globālo problēmu risināšanā;

> ➤ Iemācīties analizēt savu rīcību, rīkoties atbilstīgi savai un apkārtējo drošībai.

<u>Starppriekšmetu saikne:</u>

Matemātika:

> ➤ Sakarības taisnleņķa trijstūrī;

> ➤ Trigonometrisko funkciju grafiki;

> Funkcijas grafiku konstruēšana un pētīšana.

Informātika:

> Darbs ar datoru un rīkošanās ar datnēm;

> Grafisko attēlu apstrādes lietotnes izmantošana;

> Informācijas ieguve un komunikācijas līdzekļu izmantošana;

> Prezentācijas materiālu sagatavošana un demonstrēšana.

Bioloģija:

> Skaņas ietekme uz cilvēka.

Paredzamais rezultāts:

Analizē: svārstību funkcionālās sakarības.

Attēlo: grafiski svārstību funkcionālās sakarības .

Izmanto:

> matemātiskā svārsts un atsperes svārsts modeļus, raksturojot svārstību kustību;

> datortehnoloģijas svārstību kustības grafiskā attēlojuma vizualizēšanai un apstrādei.

Izpēta: diega un atsperes svārsts raksturlielumus.

Izskaidro:

> svārstību piemērus apkārtējā vidē;

> svārstību procesus dabā un tehnikā.

Izvēlas: laboratorijas darbam vajadzīgās ierīces.

Izvirza: hipotēzi.

Izvērtē: iegūtos rezultātus.

Lieto: datortehnoloģijas svārstību kustības izpētē.

Nosaka: brīvās krišanas paātrinājumu ar matemātisko svārstu.

Pārbauda: virtuālā eksperimentā svārstību enerģijas nezūdamības likumu.

Plāno: laboratorijas darba gaitu.

Salīdzina:

> modeļus ar apkārtējā vidē notiekošajām svārstībām;

> iegūtos darba rezultātus ar sensoru mērījumiem.

Veic: pētījumu par sadzīvē satopamajiem svārstību procesiem.

Zina: svārstību kustības likumsakarības.

Lieto fizikas jēdzienus: Svārstības.

Mācību satura apguves kalendārais plāns:

Tēma - Ķermeņu svārstības	Datums									
Temats										
Brīvas un nerimstošas svārstības										
Atspers svārsts										
Atsaitē iekārta ķermeņa svārstības										
Oscilatori. Svārstību enerģija										
Rimstošas un uzspiestas svārstības										
Svārstību rezonanse										
Laboratorijas darbs – Atsperes svārsts										
Uzdevumu risināšana										
Laboratorijas darbs – Diega svārsts										
Uzdevumu risināšana										
IESKAITE – Ķermeņa svārstības										

2.8. VIĻŅI VIDĒ

<u>Mērķis:</u> Apgūt prasmes skaidrot viļņu procesus, izmantojot enerģijas nezūdamības likumus.

<u>Uzdevumi:</u>

➢ Mācīties izskaidrot dabā un tehnikā notiekošās parādības un procesus, lietojot fizikas jēdzienus un pamatlikumus;

➢ Mācīties lietot fizikālus modeļus un reālus objektus dabas procesu pētīšanā;

➢ Mācīties veikt pētījumus;

➢ Mācīties izvērtēt un diskutēt par pētījumu rezultātiem;

➢ Iemācīties izmantot vizuālo un grafisko informāciju fizikas procesu attēlošanā;

➢ Mācīties izskaidrot fizikas sasniegumu nozīmi globālo problēmu risināšanā;

➢ Iemācīties analizēt savu rīcību, rīkoties atbilstīgi savai un apkārtējo drošībai.

Starppriekšmetu saikne:

Matemātika:

> Sakarības taisnleņķa trijstūrī;

> Trigonometrisko funkciju grafiki;

> Funkcijas grafiku konstruēšana un pētīšana.

Informātika:

> Darbs ar datoru un rīkošanās ar datnēm;

> Grafisko attēlu apstrādes lietotnes izmantošana;

> Informācijas ieguve un komunikācijas līdzekļu izmantošana;

> Prezentācijas materiālu sagatavošana un demonstrēšana.

Bioloģija:

> Skaņas ietekme uz cilvēka.

Paredzamais rezultāts:

Analizē:

> viļņu funkcionālās sakarības;

> skaņas nozīmi sabiedrības kultūras un tehnikas attīstībā.

Attēlo: grafiski viļņu funkcionālās sakarības.

Izprot: akustikas un rezonanses lomu mūsdienu sadzīvē un tehnikā.

Izskaidro:

> viļņu piemērus apkārtējā vidē;

> viļņu procesus dabā un tehnikā;

> fizikas lomu mūsdienu skaņu tehnikas attīstībā;

> skaņas un ultraskaņas nozīmi dabā, tehnikā un medicīnā;

> skaņas ietekmi uz cilvēka veselību.

Izvēlas: laboratorijas darbam vajadzīgās ierīces.

Izvirza: hipotēzi.

Izvērtē:

> iegūtos rezultātus;

> drošības pasākumus un riska faktorus, kas jāievēro cilvēkam, kuri pakļauti liela trokšņa, augstu un zemu frekvenču iedarbībai.

Veic: pētījumu par sadzīvē satopamajiem viļņu procesiem.

Lieto fizikas jēdzienus:

> Svārstības;

> Rezonanse;

> Šķērsviļņi un garenviļņi.

Mācību satura apguves kalendārais plāns:

Tēma- **Viļņi vidē**	**Datums**										
Temats											
Viļņu rašanās	▪										
Šķērsviļņi	▪										
Garenviļņi	▪										
Viļņi uz ūdens	▪										
Stāvviļņi		▪									
Stīgas svārstības		▪									
Skaņas viļņi			▪								
Skaņas izplatīšanās				▪							
Viļņu atstarošanās un lūšana					▪						
Viļņu interference un difrakcija						▪					
Prezentācijas veidošana – Viļņu īpašības							▪				
Prezentācijas analīze – vērtēšana								▪			
Laboratorijas darbs- Dažādu viļņu radīšana									▪		
Uzdevumu risināšana										▪	
IESKAITE – Viļņi											▪

2.9. GĀZU UN ŠĶIDRUMU MEHĀNISKĀS ĪPAŠĪBAS

Mērķis: Veidot izpratni un nostiprināt zināšanas par pārvērtībām dabā.

Uzdevumi:

> Iemācīties izskaidrot dabas un tehnikas vidē notiekošās fizikālās parādības un procesus;
> Iemācīties lietot fizikas jēdzienus un pamatlikumus;
> Iemācīties izvirzīt hipotēzi;
> Iemācīties plānot darba gaitu;
> Iemācīties veikt mērījumus izvērtēt rezultātus un izdarīt secinājumus;
> Iemācīties veikt aprēķinus;
> Iemācīties lietot fizikālo lielumu apzīmējumus;
> Iemācīties lietot vizuālo un grafisko informāciju fizikālo procesu attēlošanā;
> Iemācīties lietot IKT mērījumu ieguvē un apstrādē.

Starppriekšmetu saikne:

Matemātika:

> Sakarības taisnleņķa trijstūrī;
> Vektori, to projekcijas un darbības ar tiem;
> Nezināmā izteikšana no vienādības;
> Funkcijas grafiku konstruēšana un pētīšana.

Informātika:

> Darbs ar datoru un rīkošanās ar datnēm;
> Grafisko attēlu apstrādes lietotnes izmantošana;
> Informācijas ieguve un komunikācijas līdzekļu izmantošana;
> Prezentācijas materiālu sagatavošana un demonstrēšana.

Paredzamais rezultāts:

Iegūst: datus un izdara secinājumus.

Izmanto: vektorus spēka iedarbības virziena attēlošanai.

Izprot: Bernulli likumu izpausmes apkārtējā vidē.

Izvēlas: ierīces mērījumu veikšanai.

Izvērtē: rezultātus un izdara secinājumus.

Lieto:

➤ fizikālo lielumu apzīmējumus;

➤ SI mērvienības un ārpussistēmas mērvienības.

Plāno: darba gaitu.

Veic: mērījumus.

Lieto fizikas jēdzienus:

➤ Spiediens šķidrumu un gāzu plūsmā.

Mācību satura apguves kalendārais plāns:

Tēma- Gāzu un šķidrumu mehāniskās īpašības	Datums
Temats	
Atmosfēras spiediens	
Hidrostatiskais spiediens šķidrumos	
Šķidruma un gāzes plūsma	
Šķidruma un gāzes plūsmas ātrums	
Spiediens šķidrumos vai gāzēs	
Šķidruma virsmas spraigums	
Slapināšana. Kapilārās parādības	
Cēlējspēks šķidrumā vai gāzē	
Šķidruma un gāzes viskozitāte. Pretestības spēks	
Laboratorijas darbs- Ūdens tecēšanas ātruma noteikšana	
Uzdevumu risināšana	
IESKAITE – Šķidrumu un gāzu mehāniskās īpašības	

Tēma- atkārtojums	Datums
Temats	
Ķermeņu kustība	
Mijiedarbība un spēks	
Gravitācija	

3. PIELIKUMS
Stundu kartes 11. klasei „Magnētisms"

FM – Šilters, E., Reguts, V., Cābelis, A. Fizika 11. klasei. Lielvārde: Lielvārds, 2006. 287 lpp.

FU – Vinogradovs , S. Fizikas uzdevumu krājums 11. un 12. klasei. Lielvārde: Lielvārds, 2006. 271 lpp.

FK - Branka,V., Gaumigs, V., Puķītis, P. Fizika vidusskolai. Konspektīvs izklāsts. Rīga: Apgāds Zvaigzne ABC, 2007. 263 lpp.

FS – Šilters, E., Reguts, V., Cābelis A., Vinogradovs , S. Fizika vidusskolai. Skolotāja grāmata. Lielvārde: Lielvārds, 2009. 280 lpp.

FTF - Tabulas un formulas fizikā 8. – 12. klasei. Lielvārde: Lielvārds, 2004. 72 lpp.

FUR – Krūmiņš, J., Puķītis, P. Palīdzam risināt fizikas uzdevumus 11. klasē. Rīga: Pētergailis, 2008. 168 lpp.

FIU - Cābelis, A., Zariņš, G. Individuālie uzdevumi fizikā. Molekulārfizika un elektrodinamikas pamati. Rīga: Apgāds „Mācību grāmata", 1996. 56 lpp.

F11DL – Demonstrējumi un laboratorijas darbi skolēniem. Fizika 11. klase. ISEC, 2008. 44 lpp.

FSM – Skolotāja darba materiāli.

3.1   STUNDU KARTE

Tēma	Pastāvīgo magnētu un strāvu magnētiskais lauks. Strāvas kontūru magnētiskā mijiedarbība. Ampēra spēks.
Metodes	Stāstījums, vizualizēšana, uzdevumi.
Stundas norises gaita	Ievadinformācija; Pastāvīgo magnētu un strāvu magnētiskais lauks; Strāvas kontūru magnētiskā mijiedarbība. Ampēra spēks; Demonstrējums; Uzdevumi; Modeļi; Noslēgums.
Paragrāfs	FM 7.1, 7.2., FK 15.1., 15.2.
Uzdevumu paraugi	FM 7.122., 7.123 FU 6.1., 6.5., 6.13., 6.20. FM 7.1., 7.2. FIU 7–1. FUR 7.11. – 7.17.
Transparenti	Magnētiskā lauka avoti; Magnētiskā lauka indukcijas līnijas.
Prezentācijas	Uzdevumi par magnētisko lauku.
Demonstrējumi	F11DL - Ampēra spēks http://phet.colorado.edu/simulations/sims.php?sim=Magnets_and_Electromagnets http://www.walter-fendt.de/ph14e/mfbar.htm http://www.walter-fendt.de/ph14e/mfwire.htm

	http://www.walter-fendt.de/ph14e/electricmotor.htm
Modeļi	Modelis 1.7. Paralēlu strāvu mijiedarbība
	Modelis 1.8. Strāvas rāmītis magnētiskajā laukā
Individuālie	FM 6.2.,6.6., 6.14., 6.21.
uzdevumi	FM 7.18. – 7.25., 7.26. – 7.29.

Analīze:

3.2 STUNDU KARTE

Tēma	Strāvas kontūru magnētiskā lauka indukcija.
Metodes	Stāstījums, vizualizēšana, uzdevumi.
Stundas norises gaita	Ievadinformācija;
	Strāvas kontūru magnētiskā lauka indukcija;
	Modeļi;
	Demonstrējums;
	Uzdevums ;
	Noslēgums.
Paragrāfs	FM 7.3., FK 15.1.
Uzdevumu paraugi	FM 7.125., 7.126.
	FU 6.15., 6.17.
	FM 7.3., 7.4.

58

	FIU 7-4.
	FUR 7.1. – 7.4.
	FUR 7.6. – 7.10.
Transparenti	Solenoīds
Demonstrējumi	F11DL - Spoles radītais magnētiskais lauks
Modeļi	Modelis 1.9. Vada cilpas magnētiskais lauks
	Modelis 1.10. Taisna strāvas vada magnētiskais lauks
	Modelis 1.11. Solenoīda magnētiskais lauks
Individuālie	FU 6.16.,6.18.
uzdevumi	FM 7.30. – 7.33.

Analīze:

3.3 STUNDU KARTE

Tēma	Lādētu daļiņu kustība magnētiskajā laukā.
Metodes:	Stāstījums, vizualizēšana, uzdevumi.
Stundas norises gaita	Ievadinformācija; Modeļi; Lādētu daļiņu kustība magnētiskajā laukā; Uzdevums; Demonstrējums; Noslēgums.

59

Paragrāfs	FM 7.4., FK 15.2.
Uzdevumu paraugi	FU 6.23., 6.29., 6.31., 6.37. FM 7.5. FIU 7-2. FUR 7.18. – 7.25.
Demonstrējumi	http://www.particle.kth.se/~fmi/kurs/PhysicsSimulation/Lectures/07B/index.html http://www.walter-fendt.de/ph14e/lorentzforce.htm
Modeļi	Modelis 1.12. Lādētas daļiņas kustība magnētiskajā laukā Modelis 1.13. Masspektrogrāfs Modelis 1.14. Ātrumu selektors
Individuālie uzdevumi	FU 6.24., 6.30., 6.32., 6.38., 6.46. FM 7.34. – 7.40.

Analīze:

3.4   STUNDU KARTE

Tēma	Magnētiskās ierīces. Zemes magnētiskais lauks. Ģeomagnētiskās parādības.
Metodes	Stāstījums, vizualizēšana, uzdevumi.

	Ievadinformācija;
Stundas norises gaita	Magnētiskās ierīces; Zemes magnētiskais lauks. Ģeomagnētiskās parādības; Demonstrējums; Uzdevums; Noslēgums.
Paragrāfs	FM 7.5., 7.6.
Uzdevumu paraugi	FM 7.7., 7.9.
Transparenti	Zemes magnētiskais lauks.
Demonstrējumi	http://phet.colorado.edu/simulations/sims.php?sim=Magnet_and_Compass
Individuālie uzdevumi	FM 7.8, 8.0 FM 7.41. – 7.45., 7.46. – 7.52.
Analīze:	

3.5 STUNDU KARTE

Tēma	Vielu magnētiskās īpašības.
Metodes	Stāstījums, vizualizēšana, uzdevumi.

Stundas norises gaita	Ievadinformācija; Demonstrējums; Vielu magnētiskās īpašības; Uzdevums; Noslēgums.
Paragrāfs	FM 7.7, 7.8., FK 15.3., 15.7.
Uzdevumu paraugi	FM 7.9., 7.10.
Demonstrējumi	F11DL - Vielas magnētiskās īpašības.
Individuālie uzdevumi	FM 7.9, 7.10 FM 7.53. – 7.61.
Analīze:	

3.6 STUNDU KARTE

Tēma	Elektromagnētiskā indukcija.
Metodes	Stāstījums, vizualizēšana, uzdevumi.

	Ievadinformācija;
Stundas norises gaita	Elektromagnētiskā indukcija;
	Modeļi;
	Demonstrējums;
	Uzdevums;
	Noslēgums.
Paragrāfs	FM 7.9., FK 15.4.
Uzdevumu paraugi	FM 7.11., 7.12.
Demonstrējumi	F11DL - Elektromagnētiskā indukcija. http://phet.colorado.edu/simulations/sims.php?sim=Faradays_E lectromagnetic_Lab http://phet.colorado.edu/simulations/sims.php?sim=Faradays_L aw
Modeļi	Modelis 1.15. Elektromagnētiskā indukcija Modelis 1.16. Faradeja eksperimenti
Individuālie uzdevumi	FM 7.62. – 7.66.
Analīze:	

3.7 STUNDU KARTE

Tēma	Elektromagnētiskās indukcijas likums. Elektriskais virpuļlauka.

63

Metodes	Stāstījums, vizualizēšana, uzdevumi.
Stundas norises gaita	Ievadinformācija; Elektromagnētiskās indukcijas likums. Elektriskais virpuļlauka; Demonstrējums; Modeļi; Uzdevums; Noslēgums.
Paragrāfs	FM 7.10., FK 15.4.
Uzdevumu paraugi	FU 6.55., 6.61., 6.63., 6.69., 6.71. FU 6.115., 6.119., 6.121. FM 7.13., 7.14. FUR 8.1. – 8.4.
Demonstrējumi	http://phet.colorado.edu/simulations/sims.php?sim=Generator http://www.walter-fendt.de/ph14e/generator_e.htm
Modeļi	Modelis 1.17. Maiņstrāvas ģenerators
Individuālie uzdevumi	FU 6.56., 6.62., 6.64., 6.70., 6.72., 6.73. FU 6.116., 6.120., 6.122. FM 7.67. – 7.71.
Analīze:	

3.8 STUNDU KARTE

Tēma	Strāvas kontūru pašindukcija. Pašindukcija.
Metodes:	Stāstījums, vizualizēšana, uzdevumi.
Stundas norises gaita	Ievadinformācija; Strāvas kontūru pašindukcija. Pašindukcija; Uzdevums; Noslēgums.
Paragrāfs	FM 7.11., FK 15.5.
Uzdevumu paraugi	FU 6.81., 6.87., 6.93., 6.99. FM 7.15., 7.16. FIU 7-3. FUR 8.11. – 8.14.
Individuālie uzdevumi	FU 6.82., 6.88., 6.94., 6.70. FM 7.72. - 7.75., 7.76. – 7.82.
Analīze:	

3.9 STUNDU KARTE

Tēma	Magnētiskā lauka enerģija.

Metodes:	Stāstījums, vizualizēšana, uzdevumi.
Stundas norises gaita	Ievadinformācija; Magnētiskā lauka enerģija; Uzdevums; Noslēgums.
Paragrāfs	FM 7.12., FK 15.6.
Uzdevumu paraugi	FU 6.101., 6.105., FM 7.17 FUR 8.15.
Individuālie uzdevumi	FU 6.102., 6.106., 6.109.

Analīze:

3.10 STUNDU KARTE

Tēma	Laboratorijas darbs - Magnētiskā lauka indukcijas noteikšana.
Metodes:	Vizualizēšana, mācību eksperiments, analīze.
Stundas norises gaita	Ievadinformācija; Laboratorijas darbs; Noslēgums.

Paragrāfs	FM 7.1.
Laboratorijas darbs	FM - 1. darbs (266. lpp)

Analīze:

3.11 STUNDU KARTE

Tēma	Laboratorijas darbs - Ampēra spēks.
Metodes	Vizualizēšana, mācību eksperiments, analīze.
Stundas norises gaita	Ievadinformācija; Laboratorijas darbs; Noslēgums.
Paragrāfs	FM 7.2.
Laboratorijas darbs	FM - 2. darbs (266. lpp)

Analīze:

3.12 STUNDU KARTE

Tēma	IESKAITE - Magnētisms.
Metodes	Uzdevumu risināšana, pētnieciskais darbs, vizualizāšana.
Stundas norises gaita	Ievadinformācija; Ieskaite; Noslēgums.
Paragrāfs	FM 7.1. – 7.12.
Pārbaudes darbi:	IESKAITE
Analīze:	

ANOTĀCIJA

Diplomdarbs „Fizikas izglītības standarta īstenošana vidusskolā" izstrādāts kā fizikas priekšmeta metodiskais materiāls, kas praktiski tiks izmantots īstenojot fizikas standartu 10. – 12. klasēs. Apskatīti mācību procesa plānošanas principi. Darbā tiek piedāvāts paraugs 10. klases tēmai „Mijiedarbība un spēks" - tematiskais plāns un stundu kartes, kas izstrādāti atbilstoši priekšmeta standarta prasībām. Paskaidrots princips pēc kāda tiek katrai tēmai veidoti tematiskie plāni un stundu kartes. Izanalizēti skolēnu mācību sasniegumi un izvērtēta motivācija. Pielikumā tematiskai plāns un stundu kartes visai 10. klasei un paraugs stundu kartēm 11. klases tēmai „Magnētisms".

PATEICĪBA

Diplomdarba izstrādāšanā nozīmīga loma ir Latvijas Universitātes Fizikas un matemātikas fakultātes mācību spēkiem, kvalitatīvi organizētam mācību procesam un grupas biedriem.

Paldies par Latvijas Universitātes doto iespēju veikt šādu tematisku izstrādni un gūt ierosmi tālākai profesionālai darbībai.

Printed by Books on Demand GmbH, Norderstedt / Germany